C. Emery

Studi Sulle Formiche Della Fauna Neotropica

C. Emery

Studi Sulle Formiche Della Fauna Neotropica

ISBN/EAN: 9783337272203

Printed in Europe, USA, Canada, Australia, Japan

Cover: Foto ©berggeist007 / pixelio.de

More available books at **www.hansebooks.com**

STUDI SULLE FORMICHE
DELLA FAUNA NEOTROPICA

di

CARLO EMERY

XVII.

Aggiunte e correzioni all'elenco delle formiche di Costa Rica, raccolte dal Sig. Anastasio Alfaro (1).

A. Aggiunte.

Eciton (Labidus) mexicanum F. Sm. ♂ (2).
   Alajuela.
E. (L.) Melshaemeri Hald. ♂
   Jiménez.
Typhlomyrmex Rogenhoferi Mayr, forma tipica.
   Alajuela, Atirro.
Alfaria simulans n. gen., n. sp.
   Suerre.
Acanthoponera mucronata Rog., var. **minor** For. in lit.
   Suerre.
Ectatomma (Holcoponera) simplex n. sp.
   Alajuela.
E. (H.) curtulum n. sp.
   Alajuela.
E. (H.) porcatum n. sp.
   Alajuela.

---

(1) Veggasi il N. I di questi Studi: questo Bullettino, Anno XXII, p. 88.
(2) Da non confondersi con *E. mexicanum* Rog. del mio primo elenco, il cui nome deve essere sostituito da quello di *E. Rogeri* Forel.

E. (Gnamptogenys) mordax F. Sm.
    Jiménez, Suerre.
E. (G.) Alfaroi Emery 1894.
    Jiménez.
Ponera cognata n. sp.
    Jiménez, Suerre.
Leptogenys famelica n. sp.
    Suerre.
Leptothorax Tristani n. sp.
    Jiménez.
L. aculeatinodis n. sp.
    Jiménez.
Megalomyrmex modestus n. sp.
    Suerre.
Pheidole Rogeri n. sp.
    Jiménez.
Ph. hirsuta n. sp.
    Jiménez.
Ph. exarata n. sp.
    S. José.
Ph. Alfaroi n. sp.
    La Palma.
Ph. pubiventris Mayr, subsp. variegata n. subsp.
    S. José.
Ph. scrobifera n. sp.
    Suerre.
Ph. Anastasii n. sp.
    Jiménez.
Ph. dimidiata Emery, var. nitidicollis n. var.
    Jiménez.
Crematogaster nigropilosa Mayr.
    Jiménez.
Solenopsis picea n. sp.
    Jiménez.

Cryptocerus pallens Kl.
Alajuela, Bahia de Salinas, Suerre.
C. setulifer Emery 1894.
Jiménez.
Procryptocerus paleatus n. sp.
Atirro.
P. pictipes n. sp.
Suerre.
Tetramorium guineense F.
Varie località.
Apterostigma robustum n. sp.
Jiménez.
A. collare n. sp.
Suerre.
Atta (Trachymyrmex) squamulifera n. sp.
Monte redondo.
A. (Acromyrmex) coronata F. var. ?
La Palma.
Azteca coeruleipennis Emery 1893.
Alajuela, S. José, nelle cecropie.
A. xanthochroa Rog.
Sui due versanti, nelle cecropie.
A. constructor Emery 1896.
Sui due versanti, nelle cecropie.
A. Alfaroi Emery 1893.
Jiménez, nelle cecropie.
A. instabilis F. Sm.
Comune in tutte le località.
A. Foreli Emery 1893.
Bagaces.
A. Schimperi Emery, 1893.
Alajuela.
A. bicolor Emery, subsp. **Belti** Emery 1893.
Jiménez.

A. longiceps Emery 1893.
Alajuela.
Tapinoma ramulorum n. sp.
S. José.
Myrmelachista Zeledoni n. sp.
S. José.
Prenolepis longicornis Latr. (1).
Miravalles.
Camponotus canescens Mayr.
Jiménez, Liberia.
C. Salvini For. i. litt.
Jiménez, Miranda.
C. claviscapus For. i. litt.
Alajuela.
C. curviscapus n. sp.
Bahia de Salinas.

B. Correzioni e osservazioni.

Eciton Foreli Mayr deve oramai prendere il nome di *Burchelli* Westw.; veggasi più avanti al n. XVIII.

Eciton (*Lab.*) *Servillei* Westw. fu determinato male: la forma di Costa Rica corrisponde quasi esattamente al *Labidus Latreillei* Jur., di cui *Servillei* è a mio parere una varietà. Entrambi sono da riferirsi, come ♂, all'*Eciton coecum* Latr. che nel n. VIII di questi studi ho chiamato *E. omnivorum* Ol. Uniformandomi al § 15 a. delle Regole di nomenclatura della Società zoologica tedesca, ritengo ora doversi abolire il nome specifico « *omnivorum* » nel genere *Eciton*, perchè tanto Olivier quanto Kollar errarono nella determinazione della specie che credettero essere la *Formica omnivora* L. Quindi *E. omnivo-*

---

(1) Non ho determinato altre specie di *Prenolepis*, non avendo i rispettivi ♂♂, indispensabili per poterlo fare esattamente.

rum Ol. deve chiamarsi *coecum* Latr.; *E. omnivorum* Koll. riprenderà il nome di *praedator* F. Sm.

Ectatomma bispinosum non appartiene il sottogenere *Holcoponera*, ma deve riferirsi piuttosto agli *Ectatomma* propriamente detti.

E. (Gnamptogenys) lineatum: gli esemplari di Costa Rica appartengono piuttosto al tipo di *E. sulcatum* F. Sm.: veggasi il n. XX di questi studi.

Pseudomyrma Belti, spinicola e *nigrocincta*. Queste specie che si trovano soltanto nelle spine delle acacie, mancano come queste piante sul versante atlantico di Costa Rica. Quindi la località di Jiménez è erronea.

Monomorium carbonarium. La forma di Costa Rica è propriamente la var. *ebenina* For.

Pheidole Radoszkowskii subsp. *militaris* Emery. Il nome della sottospecie essendo preoccupato deve essere sostituito da quello di *pugnax* Torre.

Crematogaster longispina Emery. Ultimamente il Sig. Alfaro mi ha mandato esemplari di questa specie che abitavano il fusto della *Cecropia humboldtiana*.

Atta Lebasi Guér. Riferisco all'*A. cephalotes* L. gli esemplari di Costa Rica e dubito forte che quella sia specie distinta.

A. (Acromyrmex) hystrix è esattamente determinata; come è noto, essa deve oramai chiamarsi *octospinosa* Reich.

Strumigenys unispinulosa Emery = *louisianae* Rog.

Procryptocerus Adlerzi var. è stato poi da me descritto nel n. XII di questi studi come *P. striatus* Sm., subsp. *scabriusculus* Emery.

Cryptocerus cordatus subsp. *multispinus* è una specie distinta: veggasi n. XIII di questi studi.

C. gibbosus F. Sm. è, come è noto, = *multispinosus* Nort.

C. Pinelii Guér.: gli esemplari di Costa Rica non appartengono a questa specie, ma invece al *C. maculatus* F. Sm.

Camponotus sexguttatus. Ho dimostrato altrove che la specie generalmente conosciuta sotto questo nome non è quella di Fabricio. La forma di Costa Rica è quella che ho descritta (Boll. Mus. Torino n. 187) col nome di *C. extensus* Mayr, subsp. *zonatus*.

Alla medesima specie si riferisce pure la sottospecie *Landolti* For.

C. Alfaroi Emery = *striatus* F. Sm.

Con queste aggiunte e correzioni, il numero delle formiche finora osservate in Costa Rica ascende alla cifra di 155.

XVIII.

I maschi degli *Eciton* a mandibole uncinate.

Eciton quadriglume Halid. (*Labidus Fargeaui* Shuck.) fig. 1.

Dal Sig. F. P. Schmalz in Joinville (Sta Catharina) ho ricevuto recentemente alcuni *Labidus* raccolti dai suoi figliuoli in compagnia dell'*E. quadriglume* e che ritengo essere i ♂♂ di questa specie. Essi corrispondono esattamente, fuorchè per le dimensioni, alla descrizione del *Labidus Latreillei* del St Fargeau, cioè al *L. Fargeaui* Shuck. La dimensione indicata di 14 linee parigine (quasi 33 mm.) sarebbe addirittura enorme e perciò la credo erronea. Poichè il tipo descritto dal St Fargeau proveniva appunto da Sta Catharina, io ritengo che i miei esemplari si debbano riferire alla medesima specie.

Il ♂ dell'*Eciton quadriglume* rassomiglia all'*E. Burchelli;* è un poco più grande (L. 16-18 mm.); il colore è bruno scuro, quasi nero, con l'addome appena un poco meno scuro. I peli ritti sono meno lunghi e meno copiosi, particolarmente meno lunghi sui membri; il flagello non ha i lunghissimi peli che si osservano nell'*E. Burchelli;* la faccia dorsale dell'addome è fornita di peli lunghi, soltanto nei due ultimi segmenti. La forma delle mandibole è particolarmente caratteristica: nell'*E. Burchelli* (fig. 2) sono molto strette e allungate, quasi dritte, un poco curvate soltanto verso l'apice, con leggera dilatazione arrotondata verso il terzo basale della loro lunghezza; nell'*E. quadriglume* (fig. 1) sono molto più robuste, alquanto curvate alla base, poi quasi dritte, curvate di nuovo vicino all'apice, la cui punta estrema è un poco ricurva in fuori; verso i $^2/_5$ della loro lunghezza, offrono un forte dente a punta smussata.

Confrontando le mandibole ora descritte dei ♂♂ di *Eciton quadriglume (Fargeaui)* e *Burchelli (Foreli)* con quelle dei semisoldati, ossia delle forme intermedie tra ☿ e ⚥ delle medesime specie (veggasi il N.º VIII di questi Studi, tav. 2, fig. 3 e 4), mi pare che offrano una manifesta rassomiglianza, la quale conferma i risultati delle osservazioni relative alla convivenza dei maschi e neutri; perciò mi sembra vieppiù assicurata la sinonimia.

Eciton Foreli Mayr (1886) = *Burchelli* Westw. (1842).
— *Fargeaui* Shuck (1840) = *quadriglume* Halid. (1836).

Ora, appoggiandomi sulla rassomiglianza tra le mandibole del ♂ e quelle del semisoldato, mi azzardo ad attribuire all'*E. hamatum* una forma inedita di *Labidus* di cui ricevetti dal Sig. Alfaro un esemplare raccolto a Jiménez in Costa Rica.

E. hamatum? L. fig. 3.

♂ Opaco, ferrugineo chiaro, il dorso dell'addome, le suture del torace, una riga mediana sul mesonoto, lo scutello, il vertice e le zampe più scuri, le mandibole e le antenne brune. Addome e zampe pubescenti; tutto il corpo irto di peli fulvi piuttosto corti. Il tegumento è coperto di fittissima punteggiatura fondamentale, e sparso di numerose fossette dalle quali sorgono i peli ritti; solo i margini dei segmenti addominali sono lucidi e glabri nelle loro parti laterali. Il capo è largo quanto il torace. Le mandibole, vedute d'innanzi e semichiuse, appariscono angolose al margine esterno vicino alla base, poi quasi rette fino all'apice che è debolmente curvato e acuto, preceduto sul margine interno da un grosso dente; vedute di fianco si allargano dalla base fino oltre il terzo, dove il margine posteriore (interno) offre un angolo ottuso, quindi procedono allargandosi insensibilmente un poco, per formare, prima dell'estremità, un angolo o grosso dente e restringersi bruscamente, con margine concavo, fino alla punta. Il torace è relativamente stretto; dietro lo scutello, discende quasi perpendicolarmente, fino all'inserzione del peduncolo; il metanoto ha due sporgenze arrotondate. Il peduncolo è trapezoideo, con gli angoli rotondati, meno allargato indietro che nelle specie affini, distintamente depresso nel mezzo. Le ali sono giallo d'ambra, con la venatura ferruginea. L. 14 mm.

Di un altro ♂ di *Eciton*, egualmente inedito ed affine ai precedenti, ebbi 3 esemplari del Paraguay dal Balzan. Appartiene verosimilmente all'*E. vagans* Ol. o all'*E. Rogeri* Torre (*mexicanum* Rog.). Nel dubbio, lo descrivo con nome nuovo.

E. dubitatum n. sp. fig. 4.

♂ Capo, torace e peduncolo, con le mandibole e le antenne bruno ferrugineo scurissimo, zampe e addome più chiari, tarsi giallognoli; capo, torace e peduncolo opachi, con fitta e sottile punteggiatura o con numerosi punti più grossi, ma non foveiformi, che portano peli ritti, brevi sul pronoto e sul mesonoto, più lunghi sulle altre parti, come pure sugli scapi e sulle zampe. L'addome propriamente detto non ha peli ritti, fuorchè sui due ultimi segmenti ventrali e sul pigidio, ed è coperto di densa peluria aderente, con riflesso sericeo giallognolo: le parti laterali dei margini dei segmenti sono glabre e lucide. Il capo è poco più stretto del torace; le mandibole, vedute d'innanzi, appariscono un poco angolose al margine esterno presso la base, poi dritte, coi margini subparalleli, meno robuste che nell'*E. hamatum* ♂, con un forte dente prima del terzo apicale. Il torace è piuttosto robusto; dietro lo scutello discende ripido, ma non verticalmente; il metanoto ha un paio di sporgenze angolose. Il peduncolo è trapezoideo, fortemente ristretto in avanti, con gli angoli anteriori pronunziati, profondamente depresso nel mezzo. L. 15 mm. Ali colorate come nelle specie precedenti.

È ben distinto dagli *E. quadriglume, Burchelli* e *hamatum* per la forma delle mandibole e per l'addome sericeo, privo di peli ritti.

XIX.

Alfaria nov. gen.

☿ Capo subquadrato; mandibole trigone, col margine masticatorio munito di denti piccoli e numerosi; lamine frontali distanti l'una dall'altra, dilatate e prolungate quasi fino alla metà del capo; clipeo trasversalmente convesso, col margine anteriore distante dalle mandibole; occhi piuttosto piccoli, ma con molte faccette, situati nel mezzo dei lati del capo; antenne di 12 articoli, senza clava distinta. Torace inerme, senza suture. Segmento peduncolare dell'addome appena ingrossato nel mezzo, col contorno dorsale arcuato, col contorno ventrale incavato, attaccato al segmento seguente per quasi tutta la sua grossezza; 2.° segmento campaniforme, separato dal 3.° per una forte strozzatura; questo ricopre quasi tutto il resto dell'addome, è subgloboso e fortemente curvato in basso, in modo che il piano del suo margine apicale forma con quello del margine basale un angolo quasi retto; i segmenti seguenti che costituiscono la punta dell'addome sono rivolti in basso e in avanti. Tibie medie e posteriori con un solo sperone. Unghie semplici.

♀ Rassomiglia alla ☿; quella dell'*A. simulans* ne differisce per gli occhi più grandi, un ocello sul vertice; le suture distinte fra i 3 segmenti del torace; lo scutello non è distinto dal resto del mesonoto; nessun vestigio di ali; peduncolo subgloboso; unghie con un piccolo dente. Nell'altra specie, vi sono tre ocelli, il torace è normale e le unghie non sono dentate.

?♂ Capo allungato, col clipeo più sporgente che nella ☿; mandibole trigone, allungate, un poco curvate; lamine frontali debolissime; scapo lungo circa 2 volte quanto il 1.° articolo del flagello, più breve del 2.°. Torace con profondi solchi parapsidiali. Peduncolo subcilindrico, un poco curvato; i due segmenti seguenti di forma ordinaria, subeguali, ricoprenti circa i $^2/_3$ dell'addome, il primo di essi subcampaniforme. Tibie con un solo sperone; unghie con un forte dente. Ali con due celle cubitali.

Questo genere è molto affine a *Ectatomma* e particolarmente al sottogenere *Rhytidoponera:* la formă singolare del 3.° segmento addominale che ricorda i generi *Proceratium* e *Sysphincta* si trova già distintamente accennata in varie specie di *Ectatomma;* anche la forma del peduncolo non è molto dissimile da quella dell' *E. bispinosum,* mentre l'assenza di suture si osserva in alcune *Gnamptogenys*.

Il ♂ non differisce da quello delle *Rhytidoponera:* non sono sicuro che sia stato preso con la ☿ e ♀; lo trovai in un tubo che racchiudeva alcune ☿ di *Alfaria* con altre formiche.

A. simulans n. sp. fig. 5.

☿ e ♀ Bruno ferrugineo scuro (esemplari immaturi gialli) quasi uniforme; mandibole quasi nere. Tutto il corpo con le zampe o gli scapi è opaco, finamente striato per lungo, con riflesso sericeo; sul 3.° segmento dell' addome, le strie sono meno fine e trasverse. Il capo, il torace e i 3 primi segmenti dell'addome sono inoltre scolpiti di grosse fossette, dalle quali sorgono peli grossi e corti; nella ♀, le fossette sono più o meno confluenti. Il margine delle mandibole e delle lamine frontali è levigato e lucido. Tutto l'insetto è irto di peli fulvi. Tarsi e flagello pubescenti. L. ☿ 6 ¹|₂ 7 mm; ♀ 9 ¹|₂ mm.

♂. Ferrugineo, lucido; occhi, parte posteriore del torace e addome più scuri; antenne e zampe fulvi. Mandibole e clipeo debolmente striati; sul capo e sul torace, deboli tracce di fossette piligere sparse; metatorace rugoso, così anche i fianchi del peduncolo; addome lucidissimo, con sottili e scarsi punti piligeri. Ali cenerognole, con venatura e pterostigma bruni. Tutto l'insetto porta peli lunghi e poco numerosi. L. 6 mm.

Suerre presso Jiménez in Costa Rica, Luglio 1895. Il Sig. Alfaro mi scrive che vive nella terra e che le ☿ si fingono morte quando viene scoperto il loro nido.

Per la descrizione dell'altra specie (*A. minuta*), giuntami dopo che queste pagine erano già composte, veggasi in fine del lavoro.

XX.

Holcoponera e Gnamptogenys.

Avendo ristudiato il mio materiale di questi due sottogeneri del vasto genere *Ectatomma*, ne ho compilato le seguenti tabelle che gioveranno alla determinazione delle operaie.

SUBG. HOLCOPONERA Mayr (1).

1. Margine anteriore delle mesopleure senza bordo rilevato ben distinto o tagliente, nè lobo; pronoto ritondato senza angoli marcati . . . . *simplex* n. sp.
Margine delle mesopleure rialzato almeno in parte in un orlo tagliente che ricopre più o meno le anche ante-

---
(1) Non ho compreso in questa tabella l'*E. bispinosum* Emery da me riferito con dubbio al sottogenere, ma che mi pare meglio collocato tra i veri *Ectatomma*.

riori (quanto queste sono retratte); questo orlo forma
talvolta un lobo sporgente 2
2. Il margine delle mesopleure forma un lobo distinto, terminato in basso da un dente acuto o ritondato; pronoto
con angoli distinti 3
Margine delle mesopleure senza lobo ben limitato . . 5
3. Il lobo delle mesopleura termina in basso con angolo ritondato; peduncolo relativamente alto, con nodo trasverso; torace breve, con dorso poco arcuato
curtulum n. sp.
Il lobo delle mesopleure termina con dente acuto. . . 4
4. Più piccola; peduncolo con nodo fortemente inclinato indietro, non più largo che lungo; capo più allungato;
striatura più forte . . . . *pleurodon* n. sp.
Più grande; peduncolo con nodo poco inclinato, più largo
che lungo; capo più breve; striatura più fina
obscurum n. sp.
5. Lo scapo oltrepassa l'occipite per una lunghezza minore del
suo diametro; antenne più grosse . *strigosum* Norton.
(concentricum Mayr).
Lo scappo olrepassa l'occipite per 1 ½ a 2 volte il suo diametro; antenne più gracili 6
6. Peduncolo meno allungato; striatura più fina, con più di
24 rughe fra un occhio e l'altro . *striatulum* Mayr.
Peduncolo più allungato; striatura più regolare e più grossa,
con 20 rughe circa fra un occhio e l'altro
porcatum n. sp.

Subg. GNAMPTOGENYS Rog.

1. Mandibole più o meno lineari, senza angolo distinto tra
margine basale e margine masticatorio. 2
Mandibole trigone, con angolo riconoscibile, benchè tal-

— 13 —

volta smussato tra margine basale e margine masticatorio 12
2. Grande (almeno 11 mm.), di colore giallo, finamente e uniformemente striata; peduncolo prolungato a punta superiormente indietro . . . . . *concinnum* F. Sm.
Più piccola (non più di 10 mm.) e diversamente conformata 3
3. Torace con forte impressione trasversa nella sutura mesometanotale (1). 4
Torace senza impressione o tutt'al più leggermente depresso nel mezzo 5
4. Più grande, 7-10 mm. . . . . . . *mordax* F. Sm.
Più piccola 4 ¹|₂ mm. . . [ex Mayr] *interruptum* Mayr.
5. Metanoto con piccolo dente ben distinto in ciascun lato, tra faccia basale e declive 6
Metanoto senza angolo, nè dente . . . . . : . . . 8
6. Peduncolo posteriormente acuminato, con striatura in parte concentrica . . . . *acuminatum* n. sp.
Peduncolo non acuminato, con striatura longitudinale. 7.
7. Più grande (almeno 4 mm.) mandibole più larghe
regulare Mayr.
Più piccola (al massimo 2 ³|₄ mm.) mandibole più strette
continuum Mayr.
8. Striatura più forte (25-32 strie tra un occhio e l'altro), più o meno concentrica sul peduncolo . . . . . . 9.
Striatura più fina (almeno 40 strie tra un occhio e l'altro 11.
9. Metanoto striato longitudinalmente . . *sulcatum* F. Sm.
(con var. *lineata* Mayr).
Le strie laterali del torace si ricongiungono ad arco sul metanoto . . . . 10.
10. Più grande; quasi tutto il metanoto trasversalmente striato
tortuolosum F. Sm.

---

(1) Appartiene probabilmente a questo gruppo l'*G. (E.) Alfaroi*, di cui è nota la sola ♀.

Più piccola; la faccia basale del metanoto longitudinalmente
striata. . . . . *tornatum* Rog.
11. Metanoto e squama con striatura longitudinale; strie in
generale meno sottili . . . . . . *rimulosum* Rog.
Metanoto trasversalmente striato; peduncolo striato ad arco;
striatura più fina. . . . . . . *annulatum* Mayr.
12. Mandibole striate, con margine masticatorio più lungo;
striatura più forte . . . . . (1) *triangulare* Mayr.
Mandibole non striate e più brevi; peduncolo più largo;
striatura più fina . . . . . (2) *rastratum* Mayr.

SPECIE NUOVE O MENO CONOSCIUTE

Ectatomma (Holcoponera) simplex n. sp. fig. 7.

☿ Rassomiglia molto all'*E. strigosum*, per la forma del capo poco ristretto dietro gli occhi, così anche per la forma del peduncolo assai brevemente peziolato in avanti, e sormontato da un nodo subgloboso, troncato indietro. Le antenne sono più gracili; lo scapo, meno ingrossato all'apice, oltrepassa l'occipite per una lunghezza maggiore del suo diametro; il flagello è meno ingrossato all'apice, con gli articoli meno brevi, i 2 penultimi un poco più lunghi che grossi. Il torace è breve e alto, più largo innanzi che indietro, il pronoto non è angoloso, il metanoto alquanto depresso a sella sul dorso. Le mesopleure sono alquanto convesse d'avanti in dietro e il margine che separa la loro superficie striata da quella liscia del mesosterno non costituisce un orlo rilevato a lamina, nè un lobo distinto. Colore rosso ferrugineo scuro, con riflessi sanguigni: flagello e zampe fulvi. L. 4 mm.

---

(1) La ☿ di questa specie non è nota; i caratteri sono ricavati dalla ♀.
(2) La specie fu descritta sopra una ♀ brasiliana; ho creduto potervi riferire una ☿ di Costa Rica nella mia collezione.

La ♀ è più robusta, e, salvo le differenze solite, rassomiglia in tutto alla ♂. L. 5 mm.

Alajuela, Costa Rica, alcuni esemplari raccolti dal Sig. Alfaro.

E. (H.) curtulum n. sp. fig. 8.

☿ Per la forma del capo e le antenne, è quasi identica alla precedente; il torace è più robusto, di larghezza quasi uniforme su tutta la sua lunghezza, con gli angoli del pronoto distinti; sul profilo, si nota una impressione a sella, a metà circa della lunghezza del metanoto. Il peduncolo è più largo che nelle altre specie, il suo nodo è alto, trasversalmente ovale, non distintamente troncato indietro, con rughe traverse sul dorso, circondate da rughe ovali concentriche. Scultura un po' più sottile che nella specie precedente e nell' *E. strigosum*. Il margine anteriore delle mesopleure forma, nella sua parte superiore, un lobo che occupa poco più della metà di quel margine; quel lobo è terminato in alto e in basso da angolo ottuso e, tra i due angoli, offre un incavo più o meno marcato. Colore bruno ferrugineo scuro, con riflessi sanguigni; flagelli e zampe rosso fulvo. L. 3 $^1/_2$ — 4 mm.

Alajuela, Costa Rica. — Un esemplare del Guatemala ricevuto dal Prof. Forel ha il lobo delle mesopleure un poco più stretto e l'impressione del metanoto indistinta.

E. (H.) pleurodon n. sp. fig. 9.

☿ È molto affine all' *E. curtulum*, ma le antenne sono un poco più sottili, il torace molto meno tozzo, con gli angoli del pronoto indistinti e i lati meno paralleli. Il peduncolo è più allungato e più lungamente peziolato in avanti che nelle altre piccole specie, poco meno che in *E. striatulum* e *porcatum*, col nodo non più largo che lungo, subgloboso, e leggermente angoloso posteriormente sul profilo. Scultura presso a poco come nell' *E. curtulum*, ma piuttosto regolarmente concentrica sul peduncolo. Le mesopleure hanno un lobo molto pronunziato che occupa più di metà del loro margine anteriore e terminato inferiormente da un grosso dente diretto innanzi e in basso. Colore come nelle specie precedenti. L. 4 mm.

In una ♀ che credo poter riferire a questa forma, la scultura è un poco più grossolana, il lobo delle mesopleure largo, ma senza dente.

Pará.

E. (H.) obscurum n. sp.

☿ Capo un poco più largo che nella specie precedente, assai poco ristretto dagli occhi in dietro. Antenne come nell'*E. curtulum*. Torace con angoli distinti e assai poco meno largo dietro che avanti; contorno della faccia declive del metanoto rilevato; sul profilo, nessuna impressione sul metanoto. Forma del peduncolo come nell'*E. curtulum* sul profilo, ma il nodo è meno largo. Striatura molto fina o regolare, eguale su tutte le parti striate; fra un occhio e l'altro, si contano più di 30 strie; Striatura del peduncolo trasversa nel mezzo, concentrica intorno. Mesopleure come nell'*E. pleurodon*. Colore piceo, estremo posteriore del torace, mandibole, membri e margini dei segmenti addominali ferrugineo scuro. L. 4 $^3/_4$ mm.

Pará: un esemplare.

E. (H.) porcatum n. sp.

☿ Per la forma del capo allungata e notevolmente ristretta dagli occhi al margine occipitale, come pure pel peduncolo allungato, si avvicina molto all'*E. striatulum* Mayr (1). Ne differisce per la striatura assolutamente e relativamente più grossolana e più regolare, col tegumento più lucido tra i solchi:

---

(1) Di questa specie conosco soltanto esemplari di Santa Catharina, in parte mandatimi come tipi dal Sig. Mayr. Ignoro se quelli di Caienna presentino differenze degne di nota.

tra un occhio e l'altro si contano circa 20 rughe, mentre ve ne sono almeno 24 nell' *E. striatum*. La stessa differenza si osserva nelle strie delle altre parti del corpo; quelle del torace si prolungano, quasi senza modificarsi, fino all'estremo inferiore del metanoto, il quale manca di qualsiasi vestigio di cresta o carena limitante la faccia declive. Il profilo dorsale del peduncolo forma una linea curva continua e convessa, dal margine anteriore rialzato e tagliente fino al punto dove si ripiega bruscamente alla faccia posteriore (nell' *E. striatulum*, il profilo dorsale del peduncolo è sinuoso, concavo in avanti e il nodo è più rotondato). Il margine anteriore delle mesopleure è rialzato e tagliente, ma non forma lobo. Colore bruno scuro, quasi piceo, con le mandibole e i membri ferruginei. L. 5 ¹|₂ mm.

Alajuela, Costa Rica, un solo esemplare.

Nel descrivere queste differenti forme di *Holcoponera*, come specie distinte, non mi dissimulo che sono fra loro estremamente affini e forse meritano piuttosto di essere considerate come sottospecie o varietà. Il mio materiale è troppo scarso per permettere di giudicare del loro grado di costanza.

Ectatomma (Gnamptogenys) mordax F. Sm. fig. 10.

Ho già segnalato nel n.⁰ VIII di questi Studî la variabilità della striatura del 3⁰ segmento addominale, nella ☿ di questa specie. In una ♀ di Costa Rica, essa manca quasi del tutto; la scultura del capo, è come nella ☿; il pronoto è striato ad arco, con poca regolarità; il metanoto longitudinalmente alla base, trasversalmente indietro ed offre in ciascun lato una debole sporgenza ad angolo ottuso; il peduncolo è striato irregolarmente ad arco in avanti, trasversalmente indietro. La striatura è forte e piuttosto regolare sul mesonoto, egualmente forte, ma rotta da grossi punti sul capo, più fina e molto meno regolare nelle altre parti. In alcuni punti, la scultura è piuttosto rugosa che striata. Le anche posteriori sono fornite di una spina più lunga e sottile che nella ☿ brasiliana.

Il peduncolo è proporzionalmente più largo. L. 10 ½ mm.; capo 2.5 × 2.3 mm.; mandibola (fig. 10) 1.6 mm.

Una ☿ di Costa Rica è notevole per la piccola statura (7 mm.) e la striatura più regolare che nella ☿ brasiliana. Il peduncolo è più allungato, con strie in massima parte longitudinali; buona parte del suo declivio anteriore è levigato (nella ☿ brasiliana, solo una piccola parte è priva di strie e non in tutti gli esemplari); il 3.° segmento addominale è privo di strie. — Data la variabilità notevole della ☿ in questa specie, io penso che questo esemplare è semplicemente un nano e che le differenze della scultura sono relative alla grandezza.

La ♀ dell' *E. Alfaroi* differisce da quella dell' *E. mordax* pel capo più allungato (2.5 × 2 mm.), le mandibole (fig. 11) più brevi (1.3 mm.) e la striatura più uniforme, più sottile e regolare, non rotta da punti. Il metanoto offre angoli molto più marcati, il peduncolo è più allungato e più assottigliato in avanti.

E. (G.) acuminatum n. sp.

☿ Per la forma snella del torace e per la direzione delle strie sul capo e sul torace, rassomiglia all' *E. sulcatum*. Ne differisce per i punti seguenti: le mandibole sono un poco più robuste, gli occhi più grandi occupano quasi ⅓ del lati del capo; il metanoto ha in ciascun lato, tra la faccia basale e declive un angolo ben pronunziato, o se si vuole, un dente ottuso. Il peduncolo è differente da quello di tutte le piccole specie di *Gnamptogenys:* veduto di sopra, apparisce più stretto; veduto di profilo, la sua faccia anteriore si congiunge con la dorsale con angolo ottuso e rotondato; la dorsale forma con la posteriore un angolo acuto che sporge come punta smussata sopra il segmento seguente; siffatta punta è però meno pronunziata che nell' *E. concinnum*. La striatura è un poco più fina che nell' *E. sulcatum*, la qual cosa sta in relazione con la statura più piccola; si contano 25 strie fra un occhio e l'altro, 16 sul dorso del pronoto (le stesse cifre si osservano in taluni esemplari di *E. sulcatum*); sono dirette allo stesso modo nelle due specie, sul capo, torace e peduncolo; sul segmento seguente, sono semplicemente longitudinali mentre, nell'*E. sulcatum*, le strie laterali convergono verso il mezzo indietro, dove si ricongiungono sovente ad arco con quelle del lato opposto. Colore ferrugineo con riflesso fulvo; capo più scuro; le mandibole appena più chiare, antenne e zampe giallo-testaceo. L. 4 $^2/_3$ mm.

Parà: un esemplare raccolto dal Signor A. Schulz. Una ♀ del Chaco boliviano differisce dalla ☿ pel peduncolo più breve e più largo, ma mi sembra appartenere alla medesima specie; è lunga 6 $^1/_2$ mm.

E. (G.) sulcatum F. Sm. e var. lineata Mayr.

La forma descritta dallo Smith col nome di *Ponera sulcata* e che credo dover riconoscere in alcuni esemplari brasiliani differisce dall'*E. lineatum* Mayr per la colorazione ferruginea con l'addome più scuro e il capo nero e per le strie del 2º segmento addominale (1º dopo il peduncolo) delle quali una parte si ricongiungono ad arco con quelle del lato opposto, verso il margine posteriore del segmento; questa striatura è descritta esattamente da Smith. Nell'esemplare tipico dell'*E. lineatum* che ho esaminato, le strie laterali convergono posteriormente, senza ricongiungersi. Ho un esemplare simile del Parà; altri di colore nero, come il tipo di *lineatum*, si avvicinano per le strie a *sulcatum;* anche la grossezza delle strie varia un poco. — Dopo ciò credo dover considerare *E. lineatum* come varietà di *sulcatum*. Gli esemplari di Costa Rica che riferii altra volta a *lineatum* appartengono invece al *sulcatum* tipico.

E. (G.) tortuolosum F. Sm.

Riferisco a questa specie una ☿ del Parà, che corrisponde bene alla descrizione di Smith. Misura con le mandibole 8 $^3/_4$ mm.

mentre Smith indica solo 3 lin. ingl. (= 6.35 mm.); però il Sig. W. F. Kirby mi scrive che il tipo del Museo britannico misura effettivamente 3 lin. $^1|_4$ senza le mandibole e 3 $^3|_4$ (quasi 8 mm.) con le mandibole. La scultura è forte e regolarissima; sul capo, le strie divergono indietro, a partire da un rafe mediano; sotto il capo, formano un semicerchio aperto posteriormente. Il torace non ha suture distinte sul dorso; le strie del promesonoto convergono indietro; quelle delle pleure risalgono indietro obliquamente, per formare con le precedenti un sistema regolarissimo di arcate trasverse su tutto il metanoto, il quale è privo di qualsiasi angolo o tubercolo; sulla declività anteriore del pronoto, le strie dai lati si ricongiungono trasversalmente ad arco, circondando le strie mediane. Il peduncolo forma sul profilo un angolo dorsale acuto, il cui lato posteriore è verticale; sulla parte più alta, una piccola ruga longitudinale è circondata da 3 rughe ellittiche concentriche regolarissime, abbracciate a loro volta da altre rughe disposte ad arco aperto. I due segmenti che seguono sono molto regolarmente striati per lungo, il primo di essi per tutta la sua lunghezza; il secondo ha verso il suo margine posteriore uno spazio liscio a forma di triangolo ottusangolo. Le anche sono finamente striate, il resto dei membri levigato, con punti piligeri; le anche posteriori hanno una brevissima spina.

E. (G.) rimulosum Rog.

Ho una ☿ di Rio de Janeiro (raccolta dal Dott. E. A. Goeldi) che corrisponde esattamente alla descrizione del Roger, anche per la colorazione. Oltre la diversa direzione delle strie del metanoto e del peduncolo, questa forma differisce dall' *E. annulatum* Mayr per le strie notevolmente meno sottili, benchè più sottili che nelle altre specie affini. Perciò ritengo che *E. rimulosum* e *annulatum* debbano essere considerati come due specie indipendenti.

XXI.

Le specie americane del genere *Ponera*.

La tabella analitica seguente verrà ad agevolare la determinazione delle operaje finora conosciute:

1. Tutti gli articoli delle antenne notevolmente più lunghi che grossi; torace fortemente inciso nella sutura mesometanotale; corpo gracile. (Brasile, Amer. centr.) *constricta* Mayr.
Almeno parte degli articoli delle antenne non più lunghi o più corti che grossi 2
2. Occhi non molto piccoli, aventi almeno 6 faccette, anzi ordinariamente più di 8 nel loro maggiore diametro. 3
Occhi minuti o rudimentali, con 4 faccette al massimo nel loro maggiore diametro 9
3. Squama del peduncolo molto grande e grossa, molto più larga del metanoto, di forma semilunare quando la si guarda dal lato dorsale (Paraguay). . *lunaris* n. sp.
Squama più piccola, più stretta e non semilunare . . 4
4. Mandibole con 5-7 grossi denti 5
Mandibole con denti più numerosi, spesso in parte minutissimi o rudimentali 6
5. Più gracile, con l'angolo del profilo del metanoto più marcato; mandibole più strette, l'angolo tra il margine basale e il margine masticatorio molto ottuso e indistinto (Amer. merid. e centr.) . . . . . *stigma* F.
(con var. *attrita* For.)
Più robusta, l'angolo del metanoto fortemente ritondato; mandibole più larghe, con angolo ben pronunziato tra il margine basale e il margine masticatorio (Costa Rica) *cognata* n. sp.

6. Mandibole con 9-10 denti grandi, ma ottusi e ineguali
L. 6 mm. (Venezuela, Brasile). . . *Leveillei* Emery
Mandibole con denti in parte piccolissimi, statura più piccola 7
7. Articoli 3-6 del flagello molto più grossi che lunghi (Brasile
S. Caterina) . . . . *Schmalzi* n. sp.
Articoli 3-6 del flagello almeno in parte non più grossi che
lunghi 8
8. Lucidissima e più piccola, 3 $^1/_2$ mm. (Costa Rica)
nitidula Emery
Meno lucida, capo punteggiato-reticolato; più grande, 4 —
4 $^1/_4$ mm. (S. Caterina) . . . (ex Mayr) *Foreli* Mayr
9. Mandibole con 7 denti acuti, squama grossa, faccia declive
del metanoto ripida e lateralmente marginata. L. quasi
4 mm. (America sett.) . . . . *gilva* Rag.
Mandibole con denti più numerosi, spesso evanescenti nella
parte prossimale del margine masticatorio . . . 10
10. Occhi situati verso il quarto dei lati del capo; palpi mascellari di un solo articolo. 11
Occhi situati nel quinto anteriore dei lati del capo . 12
11. Statura più grande (4 mm.); articoli 3-6 del flagello non
più grossi o poco più grossi che lunghi (Venezuela,
Brasile, Paraguay) . . . . . *distinguenda* Emery
Statura più piccola (2 $^1/_2$ — 2 $^2/_3$ mm.); articoli 3-6 del flagello fortemente trasversi (Brasile, Paraguay)
confinis Rog. subsp. *trigona* Mayr (1)
(rappresentata nelle Antille e California dalla
var. *opacior* For.)
12. Lo scapo ripiegato indietro dista dal margine occipitale più
che il suo massimo spessore; ♂ attero, ergatoide (Antille)
ergatandria For.

---

(1) Nella mia tabella analitica delle *Ponera* europee e mediterranee in Mem. Accad. Bologna (5) v. 5, 1895 p. 202 ho scritto erroneamente che i palpi labiali della *P. punctatissima* e *confinis* sono di 1 articolo, mentre è notorio che sono di 2. Rettifico il *lapsus calami*.

— 23 —

Lo scapo ripiegato indietro raggiunge l'occipite, o ne dista meno che il suo massimo spessore 13

13. Punteggiatura del capo più grossa, per cui la superficie apparisce scabra, sotto un mediocre ingrandimento (America sett.) *coarctata* Latr., subsp. *pennsylvanica* Buckl.
Punteggiatura del capo finissima, riconoscibile solo con fortissimo ingrandimento 14

14. Più grande (3 — 3 ¹|₄ mm.); angolo del metanoto ottuso, ma ben distinto (Brasile, Antille, Texas). . *opaciceps* Mayr
Più piccola (2 — 2 ¹|₄ mm.); angolo del metanoto fortemente ritondato (Antille, S. Vincenzo) . . . . *foeda* For.

Ponera lunaris n. sp. fig. 12 a. b.

☿ Ferruginea, col capo bruno scuro, meno il margine anteriore, le mandibole e le antenne che sono, come le zampe, un poco più chiare del resto del corpo; coperta di pubescenza gialla, più fitta sul capo, e irta di peli piuttosto brevi, scarsi sulle tibie e sugli scapi. Il capo è pressochè largo quanto è lungo, debolmente ristretto innanzi e indietro, un poco incavato posteriormente, con gli occhi separati dall'articolazione mandibolare per una distanza eguale al loro diametro; in questo diametro, si contano 9-10 faccette. La superficie del capo è affatto opaca, coperta di fitta punteggiatura confluente, pubigera, sovrapposta ad una sottoscultura microscopica. Il clipeo è troncato nel mezzo, in avanti, col margine anteriore rialzato nelle parti laterali. Le mandibole sono robuste, con solco obliquo alla loro base, e con margine masticatorio armato di 9 denti alternamente più grandi e più piccoli; la loro superficie è finamente striata, sparsa di punti e appena sublucida. Le antenne sono forti, lo scapo non raggiunge l'occipite, gli articoli 6-8 del flagello sono più larghi che lunghi, i precedenti e seguenti meno brevi. Il torace è coperto di punti numerosi, ma non confluenti e la sottoscultura è più debole e lascia una certa lucentezza agli intervalli dei punti. Il dorso è continuo, ma con suture distinte, la promesonotale ben marcata, il mesonoto più convesso degli altri segmenti; la faccia declive del metanoto è marginata sui lati e alquanto lucida. Peduncolo e addome sono debolmente lucidi e con punti più sottili di quelli del torace. La faccia anteriore della squama del peduncolo è convessa da un lato all'altro, e dritta dal basso all'alto; la faccia posteriore levigata ò come troncata, anzi alquanto concava da un lato all'altro, con margini laterali acuti, mentre il margine dorsale è arrotondato; veduta di sopra, la squama apparisce come trasversalmente semilunare, molto più larga del metanoto, poco meno del segmento addominale seguente e circa due volte larga quanto è lunga nel mezzo. Inferiormente il peduncolo porta una sporgenza longitudinale armata di un dente in avanti e di una laminetta orizzontale indietro. Il 2.° segmento addominale è troncato in avanti, la strozzatura alla base del segmento seguente è poco marcata. Le zampe intermedie e posteriori hanno ciascuna due speroni, l'uno semplice, l'altro pettinato. L. 5 $^1\!/_2$ mm.

Un esemplare del Paraguay raccolto dal Balzan.

P. cognata n. sp.

☿ Rassomiglia moltissimo alla *P. stigma* e ne differisce per una somma di caratteri, ciascuno dei quali avrebbe per se poco valore. Il capo è, in proporzione, alquanto più breve; le mandibole sono più larghe, più trigone, cioè con l'angolo compreso tra il margine basale e il margine masticatorio molto più marcato e meno ottuso, il margine masticatorio stesso meno lungo, armato di 7 denti, più piccoli che nella *P. stigma*. Le antenne sono più brevi, lo scapo non raggiunge interamente il margine occipitale, il flagello è più grosso, con gli articoli un poco più corti. Il torace è più tozzo; sul profilo, l'angolo del metanoto è fortemente ritondato. La squama del peduncolo è un poco meno spessa. L. 4 $^1/_2$ — 5 mm.

Queste differenze sono ancora più sensibili nella ♀, spe-

cialmente rispetto alla forma delle mandibole: nella ♀ della
P. stigma, il margine esterno e il margine basale delle mandibole sono quasi paralleli, e questo si confonde quasi col margine masticatorio. Nella nuova specie invece, il margine masticatorio e il margine basale formano un angolo ben accentuato e le mandibole vanno allargandosi fortemente dalla base fino a questo angolo. Le mandibole della *P. stigma* ♀ hanno 3-5 denti, mentre se ne contano 7 nella *P. cognata*. L. 6 mm.
Costa Rica, Jiménez e Suerre; Raccolta del Sig. Alfaro.

P. Schmalzi n. sp.

☿ Ferrugineo-testacea, col capo e parte dell'addome più scuri, le mandibole e le zampe più chiari; coperta di pubescenza gialla, mediocremente abbondante e con brevi peli ritti; questi ultimi mancano sulle tibie. Capo più lungo che largo, alquanto ristretto innanzi, col margine posteriore dritto; gli occhi distano dal margine anteriore più che il loro diametro e contano nel loro maggior diametro 6 grosse faccette. La punteggiatura del capo ricorda quella della *P. coarctata*, ma una sottoscultura microscopica rende la superficie opaca; il solco frontale si prolunga fino a metà della lunghezza del capo, le lamine frontali sono brevemente ciliate. Le mandibole sono lucide e sparse di punti sottili, armate di 11 denti alternamente più grandi e più piccoli, gli anteriori ben marcati, i posteriori rudimentali. Lo scapo delle antenne raggiunge l'occipite, gli articoli 2-6 del flagello sono piccoli e fortemente trasversi, 7-10 molto più grandi dei precedenti e un poco più larghi che lunghi. Torace, peduncolo e addome sono lucidi, finamente punteggiati; il dorso è subrettilineo, però alquanto ondulato e con le suture ben marcate; sul profilo, il metanoto forma un angolo ottuso, ma ben distinto; la faccia declive è debolmente marginata sui lati. Le mesopleure hanno un dente verso i $^2/_5$ superiori del loro margine anteriore. Il peduncolo ha una squama alta quanto il metanoto, poco più larga di

esso, poco meno di due volte alta quanto è grossa alla base, piana indietro e appena convessa innanzi, meno larga che alta, e alquanto assottigliata superiormente; inferiormente, il peduncolo porta in avanti una laminetta ottusa. Il 2.º segmento è ottusamente troncato in avanti; la strozzatura alla base del 3.º segmento è mediocremente marcata. L. $3\,^1/_3 - 3\,^2/_3$ mm.
Joinville in S. Catharina.

XXII.

I Leptothorax dell'America meridionale e centrale.

Con descrizione di due nuove specie africane.

Ad eccezione di *L. sculptiventris* Mayr e *Stolli* For., tutte le specie neotropiche appartengono ad un gruppo naturale, rappresentato anche in Africa (1), e caratterizzato dal pronoto fornito di angoli anteriori più o meno acuti. Credo conveniente separare questo gruppo come sottogenere col nome di *Goniothorax*. A distinguere fra loro le operaie, valga la seguente tabella:

1. Pronoto con angoli anteriori sporgenti e acuti (sottogenere *Goniothorax*) . . . . , . . 2
   Pronoto rotondato, senza angoli sporgenti 9
2. Antenne di 12 articoli 3
   Antenne di 11 articoli . . . . , ... 4
3. Torace superiormente vermicolato, opaco. . *vicinus* Mayr
   (con var. *testacea* Emery)
   Torace lucido, con 7 coste longitudinali alquanto irregolari
   costatus n. sp.

---

(1) Le specie africane sono: *L. angulatus* Mayr, *latinodis* Mayr, *madecassus* For., *retusispinosus* For., *Sikorai* n. sp.; *humerosus* n. sp. delle due nuove specie, segue la descrizione.

4. Segmenti del peduncolo con spinette acute 5
   Segmenti del peduncolo forniti solo di denti o tubercoletti. 8
5. Capo in tutto o in parte lucido superiormente . . . 6
   Capo opaco e fittamente punteggiato 7
6. Tutto il capo lucido, 2.° segmento del peduncolo longitudinalmente rugoso . . . . . . *aculeatinodis* n. sp.
   Fronte e vertice lucidi, il resto del capo subopaco, 2.° segmento del peduncolo con rughe trasverse
   (ex For.) *echinatinodis* For.
7. Colore giallo, capo punteggiato e con debuli rughe
   spininodis Mayr
   Colore oscuro, capo fittamente e fortemente striato
   pungentinodis Emery
8. Rughe del torace molto irregolari; antenne più grosse
   asper Mayr (con var. *rufa* n. var.)
   Rughe del torace longitudinali, poco irregolari; antenne più gracili . . . . *Tristani* n. sp.
9. Addome striato, opaco . . . . . . *sculptiventris* Mayr
   Addome lucido . . . . *Stolli* For.

L. costatus n. sp.

⚥ Rosso ferrugineo, addome più scuro, clava delle antenne nerastra; lucida, col capo alquanto opaco. Capo con rughe longitudinali regolari e marcate; tra i due margini laterali del pronoto, 7 carene longitudinali acute, che si prolungano indistintamente sul mesonoto e sulla parte basale del metanoto; i fianchi del torace sono punteggiati irregolarmente e alquanto scabri; peduncolo con rughe longitudinali più grossolane sul 1.° segmento. Peli ritti scarsi e sottili, non claviformi; mancano sulle tibie a scapi. Mandibole striate, lucide; clipeo con carena mediana e laterali taglienti; antenne corte e grosse, di 12 articoli, gli articoli 2-8 del flagello distintamente più grossi che lunghi. Torace marginato, sutura mesometanotale non impressa; angoli anteriori del pronoto acuminati; mesonoto avente in ciascun lato una piccola punta; il metanoto ha alla base dei suoi lati un piccolo lobo, le spine non sono più lunghe della faccia basale, vedute di fianco incominciano quasi verticali e sono da prima fortemente divergenti, ma si ripiegano poi in dietro e in dentro. Il 1.° segmento del peduncolo forma un nodo robusto, trapezoide, se lo si guarda di sopra, e più largo dietro che innanzi, con gli angoli anteriori e posteriori dentiformi, munito superiormente di 2 piccoli tubercoli, inferiormente in avanti con un piccolo dente; il 2.° segmento ha in ciascun lato 3 tubercoli ottusi. L. 3 $^1|_2$ mm.

Un solo esemplare di Rio grande do Sûl, raccolto dal Prof. v. Jhering. Rassomiglia al *L. vicinus*, ma è agevole distinguerlo dalla scultura del torace.

L. aculeatinodis n. sp.

☿ Capo nero con mandibole, scapi e base dei flagelli gialli, la clava bruna. Pronoto giallo, mesonoto e metanoto più o meno brunastri, lati del mesonoto e del metanoto bruni; zampe gialle con le anche e la maggior parte dei femori picei. Addome piceo, il 1.° segmento del peduncolo giallo-bruno. Capo lucido, levigato, con punteggiatura sottile e sparsa, le guance con punti più fitti e rughe longitudinali. Clipeo depresso, lucido, con carena mediana indistinta e carene laterali più forti; mandibole finamente striate. Torace subopaco, finamente reticolato e con grossolane rughe longitudinali; così pure i due segmenti del peduncolo; il segmento seguente dell'addome levigato e lucido, la sua base con strie finissime e indistinte. Peli ritti scarsi e piuttosto sottili. Antenne di 11 articoli; torace e peduncolo conformati come nel *L. spininodis* (si riscontri la descrizione di Mayr) dal quale la nuova specie differisce pel colore e la scultura. Sembra avvicinarsi ancora più al *L. echinatinodis* che non ho sotto gli occhi, e dal quale si distingue principalmente per la scultura del capo e del 2.° segmento del peduncolo.

Jiménez sul versante atlantico di Costa Rica. Un altro esemplare del Matto Grosso (Brasile) ha il torace e il peduncolo interamente bruno scuro, ma d'altronde non differisce dal tipo dell'America centrale.

L. pungentinodis Emery.

Descritta recentemente sopra una ♀ di Panama (in Bull. Mus. Torino, N. 229, 1896)

L. asper Mayr, var. rufa n. var.

☿ e ♀. Differisce dal tipo pel tegumento meno opaco e pel colore. Tutta rosso ferrugineo chiaro, flagello, eccettuata la base, come pure i ²/₃ distali dei femori fortemente imbruniti. Nella ♀, i denti del metanoto sono più piccoli che nel tipo.
Pará: 2 ☿ e 1 ♀ raccolte dal Sig. A. Schulz.

L. Tristani n. sp.

☿ Bruno di pece, torace e 1.° segmento del peduncolo ordinariamente alquanto rossicci, mandibole, scapi, base dei femori, tarsi e spine del metanoto giallo testaceo. Addome propriamente detto e piedi lùcidi, del resto piuttosto opaca; capo e torace punteggiati, opachi sotto un debole ingrandimento, invece alquanto lucidi se si guardano con forte lente; inoltre il capo è coperto di rughe longitudinali regolari, alquanto ondulate posteriormente. Il dorso del torace è più grossolanamente rugoso, con le rughe anche più flessuose di quelle del capo, ma non convolute o vermicolate, più deboli e reticolate sui fianchi. Le rughe del peduncolo sono più forti e più regolari di quelle del torace. Peli ritti sottili e abbondanti, anche sullo scapo e le tibie. Mandibole striate e opache, con 5 denti. Clipeo con due carene longitudinali, con un vestigio di carena mediana in avanti, striato indistintamente e lucido posteriormente. Antenne di 11 articoli; articoli 2-4 del flagello grossi circa quanto sono lunghi, i primi due articoli della clava distintamente più lunghi che grossi. Torace lateralmente marginato; angoli anteriori del pronoto acuminati; mesonoto lateralmente ritondato; metanoto avente alla base di ciascun lato un lobo ritondato, armato di spine lunghissime, curvate e alquanto flesse in fuori, verso l'estremità la superficie declive trasversalmente rugosa; sutura mesometanotale non impressa; 1.° segmento del peduncolo allungato, veduto di sopra, apparisce quasi due volte lungo quanto è largo, con gli angoli anteriori e posteriori acuminati e inoltre sopra con un paio di denti, verso il $^1/_4$ posteriore e 4 piccoli tubercoletti più innanzi, inferiormente con una spina rivolta indietro. 2.° segmento trasversalmente ovato, in ciascun lato con due tubercoli ottusi, più o meno distinti. L. 3 $^3/_4$ — 4 mm.

♀ Rassomiglia molto alla ☿, scultura e peli identici. Clipeo fortemente striato fino al margine. Metanoto lateralmente marginato, con un lobo laterale ottuso; al posto di ciascuna spina, un processo ottuso, appena più lungo che largo alla sua base. Peduncolo molto più forte, 1.° segmento meno di una volta e mezzo lungo quanto è largo, senza tubercoli anteriori, L. 4 $^1/_2$ mm. Le ali mancano.

Jiménez, Costa Rica; un certo numero di ☿ e una ♀ ricevuti dal Sig. Alfaro. Una ☿ di Inanfué (Perù orientale) dai Sigg. Staudinger e Bang-Haas. Dedico le specie al Sig. I. F. Tristan di Costa Rica che raccolse per me parecchie formiche.

SPECIE NUOVE AFRICANE.

L. humerosus n. sp.

☿ Capo e addome picei, torace rosso-bruno, peduncolo e zampe, ad eccezione de'femori, giallo-bruno, bocca, e spine del metanoto gialle. Peli clavati molto brevi e grossi, assenti sulle

— 31 —

tibie e scapi. Capo con rughe longitudinali acute e fra loro distanti, finamente punteggiato negl' intervalli e quasi opaco; una ruga più elevata forma la continuazione delle lamine frontali fino al vertice. Clipeo con 3 carene, levigato, alquanto lucido, area frontale indistinta; mandibole lucide, appena microscopicamente striate. Antenne di 12 articoli, quelli del funicolo più grossi che lunghi. Torace con margini laterali acuti, con rughe longitudinali grossolane e rudi (sul pronoto circa 9 rughe; tra la più esterna e il margine, un intervallo più largo); il margine anteriore rialzato del pronoto è più largo che nelle altre specie e termina in ciascun lato con un dente sporgente; i margini laterali sono paralleli anteriormente, poi arcuati e fortemente convergenti; i lati del mesonoto sono alquanto sinuati, anteriormente con un dente minutissimo; il punto più stretto del torace corrisponde alla sutura mesometanotale che è fortemente impressa; da questo punto, va allargandosi la faccia basale convessa e longitudinalmente striata dal metanoto, fino al disopra delle stigme, dove forma un lobulo arrotondato, per ristringersi nuovamente, fino alla base delle spine; si congiunge, senza limite distinto, con la faccia declive trasversalmente striata; le spine sono curvate e ottuse all'estremità, un po' più lunghe che distanti fra loro alla base. Peduncolo opaco, finamente punteggiato; 1.° segmento più lungo che largo, superiormente angoloso; 2.° segmento molto più largo, trapezoide, più largo in avanti. Segmento basale dell'addome con sottilissima stiratura, opaco, con riflesso sericeo. Zampe fittamente punteggiate, appena lucide. L. 3 $^1/_2$ mm.

Africa orientale; un esemplare ricevuto dai signori Staudinger e Bang-Haas. È particolarmente notevole per la forma del promesonoto largo in avanti e fortemente ristretto indietro.

L. Sikorai n. sp.

☿ È molto affine al *L. retusispinosus* For. e similmente colorato; ne differisce per i punti seguenti: le rughe longitudinali del capo sono più grossolane e distintamente flessuose, sui lati, sono congiunte a rete mediante rughe trasverse; il clipeo è fittamente striato; le mandibole con strie più sottili; la scultura del torace è alquanto più rude; il metanoto è superiormente un po' più largo, le sue spine sono *più brevi che distanti fra loro,* poco meno di una volta e mezzo lunghe quanto sono grosse alla base; il 1.° segmento del peduncolo non è 2 volte lungo quanto è largo, grossolanamente rugoso sui fianchi; il 2.° segmento in ovale trasverso *levigato,* e *lucido* alla faccia superiore. L. 3 mm.

Madagascar, Imerina, raccolto da Sikora. Un esemplare nella mia collezione.

XXIII.
Forme nuove o poco note del genere *Pheidole*.

Ph. Rogeri n. sp.

⚥ Rosso ferrugineo, margine anteriore del capo, mandibole, scapo, spine del metanoto, parte posteriore di questo segmento, nonchè la parte posteriore dell'addome più scuri, quasi picei. Fronte, vertice e guance subopachi per fina punteggiatura fondamentale e coperte di strie longitudinali regolari, divergenti indietro a ventaglio e prolungate nel mezzo fino alla incisura occipitale; gobbe occipitali e parte inferiore del capo levigate e lucenti; si notano pure sul capo delle fossette piligere oblunghe, sparse; le mandibole sono lucide, con pochi punti. Il dorso del torace è più o meno trasversalmente striato, il disco del pronoto e del mesonoto in parte levigato, le pleure liscie e lucide. Il peduncolo e la base del segmento basale dell'addome finamente punteggiati e appannati. Peli ritti, lunghi e mediocremente abbondanti sul corpo e sulle zampe; pubescenza nulla. Capo più lungo che largo, profondamente inciso indietro, con i lobi occipitali rotondi, i lati debolmente arcuati;

solco occipitale profondo e marginato, in continuità col solco frontale che è meno profondo; lamine frontali brevi e poco divergenti; clipeo depresso, striato sui lati; antenne brevi, lo scapo raggiunge appena la metà della lunghezza del capo. Pronoto con due gobbe laterali subrettangolari, arrotondate all'apice; solco traverso del metanoto assai debole, lobo scutellare distinto; faccia basale del metanoto senza solco, spine appena più brevi di essa; 1.° segmento del peduncolo con nodo arrotondato, 2.° segmento trasversalmente ovale, con sporgenze laterali ottuse e arrotondate. L. 7 $^1/_2$ mm.; capo (senza mandibole) 2.8 $\times$ 2.4.

·Jiménez, Costa Rica, un esemplare. Affine alla *Ph. gibba* Mayr, ne differisce per la striatura del capo molto più marcata e regolare, le antenne più brevi, le gobbe del pronoto meno sporgenti, le spine più lunghe, e il peduncolo più gracile. Sembra avvicinarsi anche alla *Ph. praeusta* Rog.

Ph. hirsuta n. sp.

⚥ Bruno di pece, alquanto lucido, il capo in parte subopaco; questo ha una scultura complicata che consta di una punteggiatura fondamentale sulla quale corrono delle rughe, longitudinali sulla fronte, formanti un reticolo a strette maglie sui lati del capo; indietro, le rughe si fanno meno forti e, in luogo delle aree da esse circoscritte, subentrano grossi punti piligeri, misti a rughe divergenti; l'estremo delle gobbe occipitali è lucido e segnato soltanto di punti piligeri. Le mandibole sono liscie, con scarsi punti e con una depressione striata alla base, lateralmente; il clipeo è rugoso, non carenato. Il capo (senza le mandibole) è largo quanto lungo, inciso posteriormente, con le gobbe occipitali rotondate e i lati arcuati: le lamine frontali sono brevi, lo scapo oltrepassa la metà dello spazio che separa l'occhio del margine occipitale; gli articoli medî del flagello sono quasi lunghi quanto sono larghi. Il pronoto porta due gobbe poco distinte e arrotondate, è trasversalmente rugoso in avanti, levigato nel resto, con punti piligeri; il mesonoto è depresso a sella in avanti, con lobo scutellare mediocremente sporgente, formante sul profilo un angolo quasi retto; il metanoto è trasversalmente striato, con depressione mediana, quasi liscio tra le spine che sono ritte e più brevi della metà della faccia basale. Peduncolo lucido, 1.° segmento con nodo subsquamiforme, 2.° fortemente trasverso, prolungato a cono ottuso sui lati; resto dell'addome lucido; finamente punteggiato all'estrema base, con numerosi grossi punti piligeri. Tutto il corpo, con i membri, è irto di numerosi e lunghi peli rossicci; il capo ha inoltre scarsa e breve pubescenza L. 5 mm.

Jiménez, Costa Rica, un esemplare. Appartiene al gruppo delle *Ph. biconstricta*, Mayr. *Susannae* For. ecc.; differisce da tutte per la scultura del capo e i peli numerosi.

Ph. Hetschkoi n. sp.

⚥ Rassomiglia molto alla *Ph. Guillelmi-Mülleri* For., ma il capo è più allungato, 2.3 × 2 mm. (nella *Ph. Guillelmi-Mülleri* 2,2 × 2.1) e la scultura differente; le rughe longitudinali della parte anteriore del capo sono più frequentemente congiunte da anastomosi e si prolungano più indietro, costituendo al livello dell'estremità dello scapo un reticolo irregolare che poco per volta si dilegua verso i lobi occipitali lucidi e segnati solo di grossi punti piligeri; uno spazio privo di rughe incomincia, in avanti, al lato delle lamine frontali e si prolunga fino al livello dell'estremo dello scapo; In questo spazio, si osserva una punteggiatura sottile e uniforme che esiste anche tra le rughe della parte sculturata del capo; qualche volta lo spazio privo di rughe descritto sopra è limitato indietro da una ruga debole e irregolare, che altra volta è meno evidente. Il torace è conformato come nella *Ph. G. M.* ma le spine del metanoto sono più brevi. Il 2.° segmento del peduncolo è più largo, con prolungamenti conici più sporgenti e acuti. I peli delle zampe sono meno lunghi e meno numerosi. Colore ferrugineo scuro o piceo, flagelli e zampe rossicci L. 5 ¹|₂ mm.

☿ Picea, collo, addome, mandibole, antenne e zampe rossicci. Capo rotondo, lucidissimo, col margine del foro occipitale tagliente e un poco rialzato; sull'occipite, 2-3 rughe trasverse spaziate, alcune rughe arcuate concentriche intorno all'inserzione delle antenne; lo scapo oltrepassa l'occipite di poco meno che ¹|₄ della sua lunghezza. Il torace è lucido, il pronoto debolmente bigibboso, con forti rughe trasverse, un poco punteggiato sui lati in avanti, il mesonoto con forte rilievo trasversale e profilo angoloso, il metanoto trasversalmente rugoso e punteggiato, armato di spine ravvicinate fra loro, brevi e quasi verticali. Il peduncolo è gracile, col 2.° segmento poco più lungo che largo, ottusamente angoloso sui lati. L. 3 ¹|₄ — 3 ²|₃ mm.

S. Catharina, raccolta dal signor F. P. Schmalz. — Avrei riferito questa forma come varietà alla *Ph. Guillelmi Mülleri*, se la scultura della ☿ non fosse tanto differente da giustificare la separazione specifica non ostante la rassomiglianza dei ♃♃. — Avevo sospettato che il ♃ fosse identico a quello attribuito dal Mayr alla *Ph. Gertrudae*, ma lo stesso Mayr mi scrive che questo è distinto dalla mia specie pel 2.° segmento del peduncolo molto più stretto, la sporgenza del mesonoto più debole e lo faccia basale del metanoto trasversalmente concava; inoltre, la spazio levigato sul quale poggia lo scapo è limitato, nella *Ph. Gertrudae* ♃, da una ruga ben marcata.

Mentre, per questi fatti, debbo riconoscere che la mia specie è differente dal soldato attribuito da Mayr alla *Ph. Gertrudae*, non posso tacere il sospetto che questo soldato non spetti alla specie suddetta, la quale è tanto differente da tutte le altre *Pheidole* da lasciar dubbio se appartenga veramente a questo genere, e se quindi abbia o no un soldato.

Ph. crassipes Mayr, subps. **Germaini** n. subsp.

⚲. Bruno di pece, col capo più o meno ferrugineo; opaco, con l'estremo occipitale del capo e l'addome (meno il peduncolo) lucidi. Il capo è più largo indietro, coi margini laterali più dritti che nel tipo; nella sua scultura, le rughe longitudinali sono più distinte, i grossi punti allungati dai quali partono i peli ritti sono più scarsi e con essi i peli stessi. Le antenne sono più lunghe, lo scapo raggiunge la metà dello spazio che separa l'occhio del margine occipitale. Le gobbe del pronoto sono meno sporgenti che nel tipo, le spine del metanoto un po' più lunghe. Il peduncolo è quasi come nel tipo, ma gli angoli laterali del 2.° segmento sono più ottusi, meno sporgenti e situati più indietro. Il resto dell'addome è lucido, la punteggiatura essendovi molto meno fitta e visibile soltanto a forte ingrandimento. I peli delle tibie sono molto più scarsi, i femori meno ispessiti.

La ☿ differisce dal tipo per le antenne più gracili, il cui scapo oltrepassa l'occipite per un quarto circa della sua lunghezza e per la mancanza quasi assoluta dei peli ritti sulle tibie. Il colore è anche più scuro, piceo, con le mandibole, il flagello e parte delle zampe più o meno rossiccie.

Matto Grosso, Brasile, raccolto dal Sig. Germain.

Ph. exarata n. sp.

⚲ Piceo, con le mandibole e le zampe più chiare, le articolazioni, i tarsi o i flagelli giallo-bruno. Le mandibole, il quarto posteriore del capo, le zampe e la massima parte dell'addome sono lucidi, il resto opaco; i peli ritti sono scarsi su tutto l'insetto; i soli membri sono pubescenti. La forma del capo ricorda *Ph. crassipes*; i lati sono quasi dritti, debolmente convergenti in avanti, le gobbe occipitali rotondate sono separate da profonda incisura che si continua con solco profondo fino al vertice. Le mandibole sono sparse di grossi punti, il clipeo carenato e striato; le lamine frontali sono subparallele, evanescenti indietro;. una larga depressione riceve l'apice dello scapo che non raggiunge la metà dello spazio fra la trasversale degli occhi e l'estremo occipitale del capo. Dal margine anteriore del capo partono rughe longitudinali regolari, quelle della fronte un poco ineguali fra loro, quasi parallele, appena assai debolmente divergenti nella parte posteriore; esse si estendono, indebolendosi, fino oltre l'estremo dello scapo e svaniscono; un poco più indietro svanisce pure la sottile punteggiatura fondamentale che rende opaca la parte anteriore del capo, sicchè l'occipite rimane liscio e lucido, con grossi punti piligeri allungati. Il pronoto porta un pajo di gobbe arrotondate, il mesonoto ha un debole toro trasverso e, innanzi ad esso, una debole impressione; il metanoto porta spine brevi, divergenti, debolmente inclinate indietro. Tutto il torace è fittamente punteggiato e opaco; solo i lati del pronoto sono in parte lucidi; il dorso pel pronoto è rigato di rughe trasverso arcuate; il mesonoto è trasversalmente rugoso di sopra, longitudinalmente di fianco. Il peduncolo è debolmente punteggiato e subopaco; il 1.º segmento posteriormente con nodo angoloso, poco elevato; il 2.º è più largo che lungo, arcuato innanzi, con angoli laterali marcati, situati poco dietro la metà della sua lunghezza. Il segmento seguente è lucido, fuorchè nel $^1|_3$ anteriore che è appannato e punteggiato; alcuni grossi punti danno origine ai peli. L. 4 $^2|_3$ mm.

☿ Colore del soldato, mandibole e membri più chiari. Capo e torace fittamente punteggiati, opachi, tutto l'addome col peduncolo lucidi. Il capo è subquadrato, con gli angoli rotondati; la sua superficie porta numerose e sottili rughe longitudinali. Lo scapo oltrepassa di poco il margine occipitale; gli articoli medii del flagello sono appena più lunghi che larghi. Il pronoto è trasversalmente rugoso e porta due piccolissimi tubercoli, il toro del mesonoto è appena riconoscibile, le spine del metanoto brevissime e ritte. Il peduncolo è debolmente punteggiato, il 2.º nodo ritondato, circa tanto lungo quanto è largo. L. 3. mm.

S. José, Costa Rica. Si avvicina alla *Ph. crassipes* e specialmente alla sottosp. *Germaini*. — Il ♃ ne differisce principalmente per la scultura del capo in cui le rughe sono molto più grosse e marcate; il capo è più corto; le antenne sono relativamente più lunghe che nella *crassipes* tipo, più brevi che nella sottosp. *Germaini*. Le gobbe del pronoto sono meno pronunziate. — Nella ☿, il capo è meno arrotondato che nella *Ph. crassipes* e nella sottosp. *Germaini;* lo scapo relativamente più corto, i tubercoli del pronoto più deboli, le rughe del capo molto più marcate. — Anche questa forma potrebbe forse essere considerata come sottospecie della *Ph. crassipes*.

Ph. Alfaroi n. sp.

♃ Giallo sporco, capo più scuro e alquanto rossiccio, il suo margine anteriore, con le mandibole, in parte bruno. Lucido, corpo irto di lunghi peli, senza pubescenza aderente, scapo e zampe con numerosi peli obliqui e con pubescenza aderente. Il capo è alquanto più lungo che largo, la sua massima larghezza verso il $1/3$ posteriore; il margine posteriore forma due lobi fortemente ritondati, tra i quali trovasi una profonda incisura; guance e lati del clipeo con rughe longitudinali, fossette antennali con rughe ad arco; del resto è levigato con punti piligeri; lamine frontali brevi; clipeo levigato nel mezzo, col margine anteriore incavato; mandibole striate verso il margine laterale, del resto levigate, con punti sparsi, il loro margine interno con due grossi denti apicali; lo scapo raggiunge circa i $3/5$ dello spazio che separa l'occhio del margine occipitale, gli articoli 2-8 del flagello sono lunghi circa quanto sono grossi, la clava gracile, il suo ultimo articolo poco più lungo del precedente. Il torace è lucido, il metatorace trasversalmente rugoso, anche i fianchi degli altri segmenti hanno rughe poco distinte; il pronoto offre alcune rughe e non ha gobbe distinte;

il mesonoto ha un forte solco trasverso e la parte scutellare forma un toro fortemente sporgente; il metanoto ha due denti brevissimi ad angolo quasi retto. Il 1.º segmento del peduncolo è gracile, con nodo alto; il 2.º segmento forma lateralmente un angolo fortemente ritondato. L. 4 — 4 $^1|_3$ mm.

☿ Giallo sporco, lucida; pubescenza come nel ♃. Capo ovato; alcune rughe ad arco intorno alla inserzione delle antenne; parallelamente a queste, alcune sottili rughe partono dalle guance e, diradandosi e divenendo sempre più deboli, giungono fino al vertice; dietro di esse, alcune rughe debolissime, in parte appena riconoscibili corrono ad arco trasversalmente sul vertice e l'occipite. Mandibole striate; antenne gracili, con gli articoli della clava poco ineguali. Torace lucido; mesonoto con forte impressione trasversa, rilevato a cercine dietro di essa; metanoto trasversalmente rugoso, con denti appena sensibili. Peduncolo gracile, col 2.º segmento più lungo che largo. L. 2 $^3|_4$ — 3 mm.

♀ Bruna, capo più chiaro, mandibole, antenne e zampe giallo-bruno. Scultura e pubescenza come nel ♃. Capo quadrilatero, più largo che lungo; occipite incavato ad arco aperto; lo scapo raggiunge quasi il margine occipitale. Torace breve e largo; metanoto con denti robusti; 2.º segmento del peduncolo più di due volte largo quanto è lungo, con lati arrotondati. Ali debolmente affumicate, con venature rossicce. L. 6 $^2|_3$ mm.

♂ Giallo sporco, vertice e tre macchie allungate sul mesonoto giallo-bruno. Capo e torace punteggiati, debolmente lucidi, con abbondanti peli obliqui; gli occhi molto grandi occupano più che metà dei lati del capo. Antenne assai gracili; 2.º e 3.º articolo del flagello almeno due volte, gli ultimi più di 3 volte lunghi quanto sono grossi. Metanoto inerme. Peduncolo gracile, il 1.º segmento debolmente ispessito indietro. L. 4 $^1|_2$ mm.

La Palma, Costa Rica (1500 m.); entro tronchi d'alberi marciti.

Si avvicina alle *Ph. incisa* Mayr, *laevifrons* Mayr o *cordiceps* Mayr. — Il ♃ differisce dalle due prime pel forte cercine trasverso del mesonoto, da *incisa* e *cordiceps* pel capo più allungato, con angoli posteriori interamente arrotondati, da *laevifrons* per i denti del metanoto poco sviluppati. — La ☿ si distingue da *Ph. cordiceps*, alla quale maggiormente si avvicina, pel capo più allungato e i denti del metanoto indistinti; da *Ph. incisa* pel capo allungato, il forte cercine del mesonoto e il metanoto senza solco longitudinale. Da entrambe per le rughe del vertice e dell'occipite e per le mandibole striate.

Ph. pubiventris Mayr subsp. variegata n. subsp.

♀ In questa sottospecie, il capo, invece di essere tutto levigato e lucido nella sua metà posteriore è quasi interamente coperto di sottile scultura reticolata, che lo rende appannato e che lascia libere soltanto le gobbe occipitali e parte della fronte; le guance sono fittamente punteggiate e opache e portano inoltre rughe longitudinali irregolari che si estendono fino al livello del margine posteriore degli occhi, alcune di esse seguendo il corso delle lamine frontali, anche più indietro; i punti foveiformi dietro gli occhi sono meno marcati che nel tipo (1). Lo scapo delle antenne raggiunge quasi gli angoli dell'occipite. Il pronoto non è distintamente angoloso ed è lucido nel mezzo, punteggiato e opaco sui lati, senza rughe trasverse distinte; il mesonoto offre un forte solco e toro trasverso; il metanoto e il peduncolo sono quasi come nel tipo; il segmento principale dell'addome è finamente punteggiato e subopaco alla base. Capo e zampe testacei, ginocchi e tarsi brunicci, antenne brune, mandibole rossicce, torace, peduncolo o addome bruno castagno. Peli e pubescenza come nel tipo, la pubescenza del capo un poco più copiosa. L. 3 $^3/_4$ — 4 mm.

☿ Differisce dal tipo per la grandezza minore, le guance fittamente punteggiate, opache, il pronoto in massima parte

---

(1) Queste fossette occupano un'area oblunga, situata dietro e alla parte mediale degli occhi; non sono segnalate dal Mayr nella sua descrizione.

liscio, lucente e il colore più chiaro, bruno gialliccio, con le zampe e il flagello più chiari, l'addome più scuro. L. 2 $^3/_4$ — 3 mm. ♀ Il colore di questa forma è caratteristico. Il capo è testaceo-bruno, con la fronte e il contorno degli occhi più o meno affumicati, le antenne brune, salvo la base e l'apice dello scapo, la base e l'ultimo articolo del flagello che sono testacei. Veduto di sopra, il mesonoto è giallo-testaceo, con due piccole macchie brune al margine anteriore (corrispondenti al luogo dei solchi parapsidiali) e una grande macchia rettangolare dello stesso colore aderente allo scutello; questo è quasi nero; episterniti del mesotorace e faccia ventrale giallo-testaceo; il resto bruno ferrugineo. Parte del peduncolo e il segmento principale dell'addome, nonchè una zona apicale dei segmenti sono testacei. Zampe giallognole, pallidissime, con le anche un poco più scure, i ginocchi e i tarsi bruni. Il capo è opaco, con fitta punteggiatura reticolata ed in oltre con rughe longitudinali spaziate. Il mesonoto è debolmente striato, con un'area mediana e due chiazze laterali levigate e lucide; scutello lucido, senza strie; mesopleure lucide; metanoto opaco e rugoso; peduncolo opaco, base del segmento seguente punteggiata, subopaca. Del resto corrisponde alla descrizione che Mayr ha data del tipo. L. 5 $^1/_2$ mm. Ali debolmente affumicate, con le coste bruno chiaro.

S. José, Costa Rica. — La *Ph. partita* Mayr, che non conosco se non dalla descrizione, sembra avvicinarsi a questa forma.

Ph. scrobifera n. sp. fig. 14 a. b.

⚥ Rosso ferrugineo scuro, col capo in parte bruno scuro, parte del torace, nodi del peduncolo e apice dell'addome bruni, antenne e zampe testacee. Opaco, 2.° nodo del peduncolo, addome propriamente detto e zampe lucidi. Capo con pubescenza obliqua, fatta di piccoli peli ottusi all'apice; peli simili, ma più lunghi, sul torace, più lunghi ancora e più ritti sull'addome e sui membri. Veduto di sopra, il capo è subrettangolare, più lungo che largo, appena ristretto in avanti, con gli angoli posteriori arrotondati, il margine posteriore incavato, l'incavo prolungantesi in un solco occipitale poco profondo; veduto di fianco, apparisce obliquamente troncato innanzi. Le lamine frontali sono distanti l'una dall'altra in avanti e divergono fortemente indietro, fino a raggiungere i margini laterali del capo, verso il terzo posteriore, limitando una scrobe nella quale può essere ritirato tutto lo scapo; il clipeo è depresso, senza incavo nel mezzo, sottilissimamente punteggiato, come pure l'area frontale; tutto il resto del capo è egualmente punteggiato, opaco e coperto di foveole stipate, alquanto confluenti in forma di solchi longitudinali sulle guance; in ciascuna fossetta è impiantato un pelo della pubescenza. Le mandibole sono lucide, con pochi punti. Le antenne sono brevi e grosse, gli articoli medii del flagello più grossi che lunghi, l'ultimo della clava più lungo dei due precedenti presi insieme. Il torace è punteggiato meno sottilmente del capo, con piccole depressioni che non costituiscono vere fossette; il pronoto è largo e porta in ciascun lato una forte sporgenza smussata; il mesonoto è un poco depresso, posteriormente offre in ciascun lato un angolo ben visibile in profilo e, dietro questo angolo, discende ripido sul metanoto; questo è breve, con faccia basale e declive suboguali, le spine forti e lunghe quasi quanto la faccia basale. Il 1.° segmento del peduncolo è opaco, lungamente peziolato, con nodo arrotondato; il 2.° segmento è ovale, rotondo sui lati, lucido superiormente, opaco lateralmente; il resto dell'addome liscio con pochissimi peli. L. 2 $^3/_4$ mm.

☿ Giallo-testaceo, antenne, zampe e addome più chiari. Capo e torace fittamente punteggiati, opachi, il resto lucido. Capo quasi largo quanto è lungo, subquadrato, ad angoli ritondati e lati alquanto arcuati; mandibole lucide, orlate di nero; clipeo piatto, col margine integro; lamine frontali debolmente divergenti, prolungate fino a metà della lunghezza del capo; gli scapi raggiungono l'occipite, flagello e clava come nel ☿. Torace largo; pronoto con angolo laterale marcato verso la metà della sua lunghezza; da quest'angolo in dietro, i lati sono marginati, fino alla metà del mesonoto che forma a sua volta un angolo; a livello della sutura mesometanotale trovasi, in ciascun lato, una piccola sporgenza smussata; metanoto come nel ☿, le spine un po' più lunghe della faccia basale. Il peduncolo è più gracile che nel ☿, il 2.° segmento subgloboso. L. 1 $^2|_3$ — 1 $^3|_4$ mm.

♀ Capo conformato come nel ☿, ma più breve, poco più lungo che largo, l'incavo e il solco dell'occipite poco marcati, gli occhi più grandi. Il torace non è più largo del capo, il pronoto angoloso in ambo i lati, il metanoto armato di due grandi denti a triangolo subequilaterale. I nodi del peduncolo sono più larghi. Scultura come nel ☿; pubescenza più lunga e più copiosa. Ali debolmente giallognole con venature testacee. L. 4 mm.

♂ Giallo-testaceo; occhi neri, vertice e dorso del torace brunastri. Il capo ha forma di triangolo con apice troncato rispondente al vertice; gli occhi grandissimi sono sporgenti nella parte anteriore e occupano più che metà dei lati del capo. Mandibole piccole e tridentate; scapo delle antenne gracili più breve dei 2 articoli seguenti presi insieme; 1.° articolo del flagello globoso, grosso, i seguenti un poco più lunghi che larghi e successivamente più stretti, i tre ultimi più allungati dei precedenti. Metanoto con due sporgenze rettangolari, smussate. Peduncolo di forma solita, zampe molto gracili. L. 3 $^1|_3$ mm.

Suerre presso Jiménez, Costa Rica, luglio 1895. — Tra la corteccia e il legno d'un albero putrido. La forma del capo del soldato che ricorda certi *Camponotus* lignicoli è affatto caratteristica.

Ph. Anastasii n. sp.

⚥ Giallo-testaceo, mandibole, margine anteriore del capo e estremità dell'addome bruni, lamine frontali e antenne alquanto affumicate; opaca, fittamente punteggiata, la faccia posteriore delle gobbe occipitali alquanto lucida, così pure i nodi del peduncolo; la parte posteriore del 3.° segmento addominale e i segmenti seguenti lucidi; lucide anche le zampe. Il capo è poco più lungo che largo, profondamente inciso indietro, con le gobbe occipitali arrotondate e con forte impressione sul vertice. Fronte e guance striate, le strie si prolungano indebolendosi fino oltre i ²|₃ del capo, lasciando al lato delle lamine frontali, che sono lunghe quanto lo scapo, una striscia senza strie che termina con leggera impressione per l'estremità dello scapo. Il clipeo è striato; le mandibole liscie, con pochi punti e qualche breve stria alla base del margine esterno. Lo scapo raggiunge quasi la metà dello spazio compreso tra l'occhio e l'estremo della gobba occipitale; gli articoli 2-8 del flagello sono più grossi che lunghi, l'ultimo della clava lungo quasi quanto i due precedenti. Sutura promesonotale indistinta; il pronoto offre gobbe laterali angolose, il mesonoto è troncato indietro, con angoli posteriori distinti, il metanoto ha la faccia basale depressa e subquadrata, le spine brevi e obliquamente erette. Il 1.° segmento del peduncolo è gracile, con piccolo nodo rotondato di sopra; il 2.° segmento è poco più largo che lungo, prolungato a cono sui lati; veduto di sopra, questo prolungamento forma un angolo retto o debolmente acuto. Il corpo porta peli obliqui non molto lunghi, le zampe hanno una lunga pubescenza obliquamente staccata. L. 2 ²|₃ — 3 mm.

⚲ Giallo-testacea, margine anteriore del capo, parte posteriore dell'addome e zampe più o meno affumicate; fittamente punteggiata, opaca, mandibole, antenne, zampe, peduncolo e parte posteriore dell'addome lucidi. Il capo è arrotondato indietro, coi margini laterali convessi; una debole impressione longitudinale sul vertice; lo scapo oltrepassa l'occipite poco più di quanto sia lungo il 1.° articolo del flagello; gli articoli 2-8 del flagello sono lunghi a un dipresso quanto sono larghi. Il torace offre meno marcatamente la medesima struttura che nel ⚥. Il 2.° segmento del peduncolo è più largo del precedente e arrotondato sui lati. I peli del corpo sono più corti che nel ⚥ e alquanto ottusi all'apice; la pubescenza dei membri più breve. L. 1 ³/₄ mm.

Jiménez, Costa Rica.

Rassomiglia alla *Ph. Göldii* For, da cui il ⚥ differisce per l'addome in parte opaco e per la forma del 2.° segmento del peduncolo. D'altronde queste due specie sono fra loro molto affini, e forse converrebbe di considerarle piuttosto come sottospecie di una medesima specie; sono pure affini alle *Ph. punctatissima* Mayr e *floridana* Emery. Quest'ultima, che avevo descritta come sottospecie di *flavens* Rog., mi sembra, dopo di avere ristudiato l'intero gruppo, dover formare specie a sè.

Ph. minutula Mayr, fig. 13.

L'esame di un esemplare tipico del ⚥ m'induce a separare da questa specie la forma che avevo descritta col nome di var. *asperithorax* e che va meglio riferita al gruppo di sottospecie della *Ph. flavens*. — Nella *Ph. minutula*, il capo del ⚥ è più allungato, meno incavato indietro, con i solchi antennali molto meno differenziati, sicchè la striatura delle parti laterali del capo occupa pure il fondo del solco, senza essere modificata sensibilmente; l'impressione per l'estremità dello scapo è assai debole. — Invece, in tutte le forme della *Ph. flavens*, il solco antennale è più profondo, il suo fondo offre una scultura diversa da quella delle parti attigue e l'impressione per l'estremo dello scapo è più forte. — La striatura del clipeo non è carattere esclusivo della *Ph. minutula*, ma si ritrova ancora nella sottosp. *asperithorax* della *Ph. flavens* nonchè nella nuova varietà di essa che ora passo a descrivere.

Ph. flavens Rog. subsp. **asperithorax** Emery.
var. **semipolita** n. var.

⚥ Per la forma del capo e del torace, non differisce dalla vera *asperithorax:* il capo è appena più lungo che largo, fortemente incavato indietro; è striato fino ai $^2/_{13}$ circa della sua lunghezza, liscio con piccoli punti piligeri nella parte posteriore; i solchi antennali sono reticolati e irregolarmente rugosi, subopachi, l'impressione per l'estremità dello scapo larga e lucidissima; il clipeo è carenato, striato nelle parti laterali. Lo scapo delle antenne raggiunge la metà dello spazio compreso tra l'occhio e l'estremo delle gobbe occipitali. Il torace è fittamente punteggiato, quasi opaco, con poche rughe trasverse, deboli sul pronoto; questo segmento porta due gobbe arrotondate e mediocremente sporgenti. Le spine del metanoto sono brevi e robuste. Il peduncolo come nelle altre forme della specie. Colore rosso ferrugineo, talvolta più scuro, e quasi piceo sulle parti dorsali; mandibole, antenne e zampe più chiare. L. 2 $^2/_3$ — 2 $^3/_4$ mm.

☿ Non differisce dalle altre forme di *Ph. flavens* fuorchè per la statura maggiore e il colore scuro, come nel ⚥. Lo scapo oltrepassa appena il margine occipitale. L. 1 $^1/_2$ — 1 $^3/_4$ mm.

Ourem, Pará. Raccolto sotto cortecce d'albero del Sig. Schulz.

Ph. nana Emery, subsp. **subreticulata**.
var. **gibbicollis** n. var.

⚥ Per la scultura del capo rassomiglia molto alla forma che ho descritta col nome di var. *subreticulata,* ma il capo è ancora più opaco, nessuna parte dell'occipite è esente di scultura e i solchi antennali sono fittamente punteggiati e opachi, il clipeo è finissimamente striolato, subopaco, senza carena e con alcune strie nelle parti laterali; le mandibole sono striate su tutta la lunghezza della loro faccia laterale. Il pronoto offre gobbe molto sporgenti. Colore ferrugineo sporco, il capo e l'addome più bruni, le zampe rosso-fulvo.

☿ Scultura come nella *Ph. flavens:* tutto il capo opaco; lo scapo oltrepassa l'occipite per la lunghezza del $1.°$ articolo del funicolo; il pronoto ha rudimenti di gobbe; torace e peduncolo fittamente punteggiati e opachi; zampe irte di lunghi peli.

La ♀ è lunga 4 ¼ mm. Il capo è fortemente striato e in tutto scolpito come del ♂, ma in forma più rude; sulle mandibole, la striatura invade parte della faccia superiore; lo scutello è lucido, il resto del torace opaco, il mesonoto sottilissimamente striato per lungo, i denti del metanoto sono forti; il peduncolo robusto, il suo $2.°$ segmento si prolunga lateralmente a cono con l'apice fortemente ritondato.

Santa Catharina; raccolta dal Sig. F. P. Schmalz. Le antenne di questa forma e della *subreticulata* sono notevolmente più gracili di quelle della *Ph. nana* tipo, per cui ho creduto conveniente elevare la *subreticulata* al rango di sottospecie, riferendovi la nuova forma come varietà. Nella var. *gibbicollis,* gli articoli del flagello che precedono la clava sono ancora un poco più stretti che nella *subreticulata.*

Ph. dimidiata Emery, var. **nitidicollis** n. var.

Il ♂ differisce dal tipo principalmente pel pronoto quasi interamente levigato e lucido e pel peduncolo più gracile. Il colore è più chiaro, baio, con l'addome e il mezzo dei femori più scuro.

La ☿ rassomiglia anch'essa al tipo e ne differisce pel pronoto lucido, benchè tutto punteggiato. Colore piceo, con le articolazioni, i tarsi e i flagelli testacei.

Jiménez, Costa Rica.

Ph. perpusilla Emery.

Ho descritto questa formica come sottospecie di *Ph. flavens* trascurando di contare gli articoli delle antenne. Ora mi accorgo che queste constano di soli 10 articoli, tanto nel soldato quanto nell'operaja e nella femmina. Per questo carattere, la *Ph. perpusilla* differisce da tutte le congeneri finora note e deve essere considerata come specie a sè.

Le piccole *Pheidole* americane affini alla *Ph. flavens* costituiscono un gruppo naturale di specie in parte difficili a distinguere fra loro. Ad agevolare la determinazione dei soldati ($⚥$) gioverà la chiave analitica seguente:

1. Antenne di 10 articoli . . . . *perpusilla* Emery
   Antenne di 12 articoli 2
2. 3.° Segmento dell'addome (1.° dopo il peduncolo) opaco, almeno nella sua metà anteriore 3
   3.° Segmento dell'addome e seguenti lucidi. 4
3. Colore oscuro, capo in parte giallo . *punctatissima* Mayr
   Colore giallo, margine anteriore del capo bruno
   Anastasii n. sp.
4. La massima larghezza del 2.° segmento del peduncolo si trova al terzo anteriore della sua lunghezza o più indietro e forma un angolo distinto 5
   La massima larghezza del 2.° segmento del peduncolo si trova vicino al margine anteriore, o pure questo segmento è ritondato, senza nessun angolo 6
5. Capo interamente opaco; 2.° segmento del peduncolo assai debolmente angoloso . . . . *Göldii* For.
   Quarto posteriore del capo lucido; 2.° segmento del peduncolo distintamente prolungato a cono sui lati
   floridana Emery
6. Margine posteriore del capo debolmente incavato (fig. 3); la striatura dei lati del capo si estende fino alle lamine fron-

tali; pubescenza del capo abbondante e diretta obliquamente, clipeo striato . . . . . . minutula Mayr
Capo fortemente incavato indietro; lungo le lamine frontali, si estende un solco antennale più o meno distinto, per lo più con scultura differente da quella delle parti adjacenti; pubescenza più scarsa sul capo. . . . 7

7. L'estremità dello scapo ripiegato indietro trovasi molto più vicina all'occhio che all'estremo posteriore della gobba occipitale corrispondente 8
   L'estremità dello scapo ripiegato indietro raggiunge quasi od oltrepassa di poco la metà dello spazio compreso tra l'occhio e l'estremo della gobba occipitale corrispondente (*Ph. flavens* e sue sottospecie) 9
   L'estremità dello scapo ripiegato indietro raggiunge i ³/₅ dello spazio compreso tra l'occhio e il margine della gobba occipitale 14

8. Capo in massima parte opaco; 2.° segmento del peduncolo più largo che lungo . . . . *orbica* For.
   Il terzo posteriore del capo lucido e levigato; 2.° segmento del peduncolo non più largo che lungo
                            dimidiata Emery
   (con var. *Schmalzi* Emery e *nitidicollis* n. var.)

9. Clipeo longitudinalmente striato 10
   Clipeo non striato 11

10. Capo striato su tutta la sua lunghezza:
             flavens, subsp. *asperithorax* Emery
    Capo liscio nel terzo posteriore
             flavens, var. *semipolita* n. var.

11. Tutto il capo sculturato e opaco
             flavens, subsp. *sculptior* For.
    Almeno le gobbe occipitali in parte liscie. 12

12. Quasi tutto il capo sculturato, fondo dei solchi antennali reticolato, opaco. . *flavens*, subsp. *tuberculata* Mayr
    Almeno il quinto posteriore del capo levigato . . . 13

13. Solchi antennali profondi, con limite esterno marcato
flavens, subsp. *exigua* Mayr
(con var. *Jheringi* Emery)
Solchi antennali meno profondi, senza limite esterno distinto . . . . *flavens* Rog. (tipo)
(con var. *vincentensis* For. e *thomensis* Emery)
14. Peduncolo gracile, il $2.°$ segmento appena più largo che lungo, e poco più largo del $1.°$ . . *lignicola* Mayr
Peduncolo robusto, il $2.°$ segmento molto più largo che lungo, subtrapezoide, con angoli anteriori marcati, almeno di metà più largo del $1.°$ 15
15. Antenne più grosse, articoli 2-8 del flagello molto più larghi che lunghi; fondo del solco antennale lucido
nana Emery
Antenne più gracili; articoli 2-8 del flagello poco più larghi che lunghi, fondo del solco antennale punteggiato e opaco . . . . . *nana*, subsp. *subreticulata* Emery
(con var. *gibbicollis* n. var.)

XXIV.
Le specie americane del Genere *Solenopsis*.

Per agevolare la determinazione delle ☿ ☿, in parte molto difficili a riconoscere e discriminare, ho composto la tabella dicotomica seguente: per alcune specie, ho indicato caratteri differenziali tratti dalle ♀ ♀.

1. Clipeo senza carene nè denti. 2
Clipeo con due carene più o meno sviluppate e sporgenti sul margine anteriore in forma di denti 3
2. Più grande (circa 2 $1/2$ mm.); capo punteggiato
succinea Emery
Più piccola (1 $1/2$ mm.); capo senza punti (ex Roger)
sulfurea Rog.

3. Occhi non molto piccoli, con almeno 8-10 faccette in serie
   lungo il diametro maggiore. 4
   Occhi molto piccoli con 1-6 faccette nel diametro maggiore. 7
4. 2.° Segmento del peduncolo molto grande e ovale
   globularia F. Sm.
   2.° Segmento del peduncolo non più grande o poco più
   grande del precedente. 5
5. Più grande (2-5 mm.); articoli 2-7 del flagello più lunghi
   o appena meno lunghi che grossi, l'ultimo articolo non
   più di due volte lungo quanto il precedente; gli esemplari al disotto di 3 $^1/_2$ mm. hanno il capo più lungo
   che largo . . . . *geminata* F.
   (con diverse varietà non tutte ben definite)
   Più piccole (1 $^1/_2$ — 2 $^1/_2$ mm.); articoli 2-7 del flagello
   molto più grossi che lunghi. 6
6. Metanoto fittamente punteggiato, opaco, colore ferrugineo,
   con l'addome piceo . . . . . . *metanotalis* n. sp.
   Metanoto lucido, almeno sul dorso, colore in massima parte
   piceo, statura variabile, i maggiori esemplari col capo
   grande e subquadrato . . . . . . *nigella* Emery
7. Capo coperto di sottili rughe longitudinali e subopaco
   rugiceps Mayr
   Capo lucido, senza rughe, con punti piligeri più o meno
   marcati 8
8. Statura molto variabile (minima 1 $^3/_4$); colore giallo uniforme;
   il margine del clipeo è armato lateralmente ai due so-
   liti denti di altro dente più piccolo. 9
   Statura poco variabile, quasi sempre inferiore a 1 $^3/_4$ mm.;
   altrimente il corpo è bruno, almeno in parte . . 10
9. Corpo irto di lunghissimi e numerosi peli; i denti laterali
   del clipeo quasi membranosi e trasparenti (Paraguay
   e Bolivia) . . . . *Wasmanni* Emery
   Corpo con peli più brevi e obliqui: i denti laterali del
   clipeo più piccoli dei mediali, ma non meno acuti, nè
   più trasparenti (Chili) . . . . . *Germaini* Emery

10. Piccolissima (1 mm.) giallo pallido, occhi quasi nulli, di una sola faccetta . . . . . (ex Forel) *exigua* For.

Occhi di più faccette, statura ordinariamente maggiore. 11

11. Lo scapo reclinato non oltrepassa la metà della distanza compresa tra l'occhio e il margine occipitale; gli articoli 2-7 del flagello sono molto brevi 12

Lo scapo oltrepassa notevolmente la metà dello spazio compreso tra l'occhio e il margine occipitale . . . 13

12. Denti del clipeo fortemente sviluppati; nodi del peduncolo poco ineguali, il 1.° assottigliato in alto

brevicornis Emery

Denti del clipeo poco marcati, a forma d'angolo più che di dente, 1.° nodo del peduncolo molto più alto del 2.° e non più sottile di esso all'apice. . . . *azteca* For.

13. Colore interamente giallo, tutt'al più l'addome ha una fascia rossiccia o bruniccia 14

Almeno parte dell'addome bruno scuro 20

14. 2.° segmento del peduncolo, veduto di sopra, più grande del 1.° e fortemente inclinato in avanti; denti del clipeo marcati, colore giallo pallido (ex Mayr). *parva* Mayr

I due segmenti del peduncolo subeguali, o pure il 2.° nodo non inclinato in avanti, o il colore non è giallo pallido 15

15. Il clipeo ha, in luogo dei denti, semplici angoli; specie molto piccola . . . . *corticalis* For.

Clipeo munito di denti distinti e acuti 16

16. Antenne più corte e grosse, lo scapo reclinato dista dal margine occipitale notevolmente più che la lunghezza del 1.° articolo del flagello; penultimo articolo delle antenne più largo che lungo 17

Antenne più lunghe e gracili, lo scapo reclinato dista dal margine occipitale poco più che la lunghezza del 1.° articolo del flagello; penultimo articolo più lungo che largo 18

17. Colore più carico; nodi del peduncolo alquanto ineguali,

metanoto meno ritondato (la ♀ di colore rossiccio e
lunga 4 — 4 ¹|₂ mm.). . *molesta* Say. (*debilis* Mayr)
(con var. *validiuscula* Emery)
Colore pallidissimo; nodi del peduncolo quasi eguali, metanoto più ritondato (♀ bruno scuro, con i membri gialli, lunga 3 ¹/₂ mm.). . . . . . . *Pollux* For.
(con var. *texana* Emery)

18. Occhi relativamente più grandi, distanti dal margine posteriore del clipeo meno di due volte il loro diametro; 1.° segmento del peduncolo più distintamente peziolato 19
    Occhi più piccoli, distanti dal margine del clipeo più che due volte il loro diametro . . . . *Helena* Emery
19. Più piccola, 1 ¹/₂ mm. al massimo; colore più scuro (♀ lunga 2 ¹/₂ mm.) . . . . *Castor* For.
    Più grande, 1 ³|₄ mm.; colore più pallido, peli più lunghi *Clytemnestra* n. sp.
20. Capo con numerosi e forti punti piligeri. *Westwoodi* For.
    Punti piligeri fini e meno numerosi sul capo . . . 21
21. 1.° Segmento del peduncolo compresso; veduto di sopra esso apparisce solo debolmente allargato indietro; ferruginea, col capo e l'addome picei . . *stricta* n. sp.
    1.° Segmento del peduncolo non compresso 22
22. Profilo del metanoto angoloso . . . . *angulata* Emery
    Profilo del metanoto arcuato. 23
23. Lunghezza almeno 2 mm., colore piceo, con la base del flagello, le articolazioni e parte dei membri rossicci; clava delle antenne bruna . . . . *Latastei* Emery
    Più piccola, clava delle antenne non più scura o poco più scura del resto del flagello. 24
24. Ultimo articolo delle antenne meno di 3 volte o non più di 3 volte lungo quanto il precedente 25
    Ultimo articolo delle antenne più di 3 volte lungo quanto il precedente. 27

25. 2.° Nodo del peduncolo notevolmente più largo del 1.° e trasversalmente ovale; colore piceo o bruno . *picea* n. sp.
2.° Nodo del peduncolo poco più largo del precedente; colore in parte rossiccio 26
26. Capo ristretto in avanti, 2.° nodo del peduncolo in ovale trasverso. . . . . *tenuis* Mayr
Lati del capo subparalleli, 2.° nodo del peduncolo non più largo che lungo . . . . *laeviceps* Mayr
27. Ultimo articolo delle antenne fortemente rigonfiato; capo più breve; colore rosso testaceo col capo e l'addome picei . . . . *picta* Emery
Ultimo articolo delle antenne stretto e lungo, poco rigonfiato; capo più allungato, distintamente incavato posteriormente; Colore rossiccio, con l'addome solo bruno *subtilis* n. sp.

La *S. basalis* For. sembra avvicinarsi molto alla *S. tenuis*. Non conoscendola in natura, non ho potuto, col solo ajuto della descrizione, formolare i caratteri che la distinguono.

S. metanotalis n. sp.

☿ Ferruginea, torace e zampe più chiari, parte posteriore dell'addome picea. Lucida e liscia, con punti piligeri scarsi e i lati dei segmenti del peduncolo fittamente punteggiati e opachi; le parti laterali del clipeo, l'estremo anteriore delle guance, la base delle mandibole e la parte anteriore della fronte finamente striolati. Peli ritti mediocremente lunghi; sulle tibie evvi solo una pubescenza lunga e obliqua. — Il capo è subquadrato, coi lati debolmente arcuati, gli angoli posteriori ritondati, il margine posteriore dritto; le mandibole sono strette, col margine masticatorio nero, armato di 3 denti; un quarto dente molto ottuso trovasi al margine interno, vicino all'estremità; le carene del clipeo sono fortemente sviluppate e prolungate ciascuna in un dente lungo, acuto, quasi spiniforme; lateralmente al dente, un angolo molto ottuso e appena sensibile; gli occhi sono grandi, con circa 10 faccette nel loro maggior diametro; il loro margine posteriore sta a metà circa della lunghezza del capo. Lo scapo delle antenne, ripiegato in dietro, dista dal margine posteriore dal capo per uno spazio pressochè eguale alla lunghezza del 1.° articolo del flagello; gli articoli 2-7 del flagello sono più brevi che larghi, l'ultimo circa 2 volte e $^1/_2$ lungo quanto il precedente. Veduto di sopra, il pronoto ha angoli anteriori distinti; sul profilo, il dorso del torace è rettilineo, interrotto da incisura nella sutura mesometanotale; il metanoto forma un angolo ottuso e ritondato, tra faccia basale e declive, questa poco più breve di quella. Veduto di sopra, il 1.° segmento del peduncolo si allarga fortemente indietro, il 2.° apparisce trasversalmente ovale, notevolmente più largo del precedente; sul profilo, il 1.° segmento è brevissimamente peduncolato, e porta un nodo trigono, con l'angolo dorsale strettamente arrotondato; il 2.° segmento è ritondato, fortemente pendente in avanti. L. 2 $^1/_4$ mm.

La Plata, raccolta dal Dott. Spegazzini. — È facile a riconoscere dalla scultura del metatorace, dai grandi occhi e dai lunghi denti del clipeo.

S. Clytemnestra n. sp.

☿ Giallo pallido, l'estremo posteriore dell'addome leggermente brunastro, tutta levigata e lucida con punti piligeri minutissimi, la parte inferiore delle metapleurre un poco rugosa. Peli ritti lunghi e piuttosto numerosi; zampe con lunga pubescenza obliquamente staccata. Il capo è più lungo che largo, con i lati alquanto arcuati, gli angoli posteriori mediocremente ritondati, il margine posteriore retto; le mandibole hanno 4 denti, dei quali il posteriore è più piccolo e si porta sul margine basale; i denti del clipeo sono minuti, le carene deboli e fortemente convergenti indietro; lateralmente ai denti, il margine del clipeo è sigmoide, senz'angolo distinto; gli occhi hanno 4 faccette nel loro maggiore diametro e distano dal margine posteriore del clipeo più che due volte quel diametro. Lo scapo reclinato oltrepassa i $^3/_4$ del capo, e dista dal margine posteriore poco più che per la lunghezza del 1.° articolo del flagello, gli articoli 2-7 del flagello sono più corti che larghi, l' ultimo articolo quasi tre volte lungo quanto il precedente. L'incisura fra promesonoto e mesonoto forma un angolo rientrante ottuso; il profilo del metanoto è arcuato. Il 1.° segmento del peduncolo, veduto di sopra, mostra un picciuolo a lati paralleli, seguito da un nodo trasversalmente ovale; il 2.° segmento è largo quanto il 1.° o poco più; sul profilo, il nodo del 1.° segmento è grande, triangolare, con l'angolo dorsale fortemente ritondato; il declivio anteriore passa con curva continua al breve picciuolo; il contorno ventrale del segmento è angoloso nel mezzo. Il 2.° segmento è più basso del primo e debolmente inclinato innanzi. L. 1 $^2|_3$ — 1 $^3/_4$ mm.

Rio Grande do Sûl (von Jhering); altri esemplari dello stesso paese (raccolti da Schupp e mandatimi dal Wasmann) hanno il peduncolo un poco più gracile. Due ☿ ☿ del Paraguay (Balzan) sono un poco più piccole e più chiare. Non ho creduto conveniente fondare una varietà distinta su materiale così scarso. La ♀ è ignota. Un ♂ male conservato accompagnava le ☿ ☿ raccolte del Prof. v. Jhering; esso è lungo 3 $^1|_2$ mm., la qual cosa fa ritenere che le dimensioni della ♀ debbano essere ancora maggiori.

S. angulata Emery.

Nella mia descrizione della ♀ (Berlin. ent. Zeit. v. 39, p. 393, nota, 1894) ho trascurato un carattere che permette di distinguere facilmente questa dalle ♀ ♀ di tutte le altre specie note. Lo scapo delle antenne è fortemente ingrossato, fin dalla base, e il massimo della sua grossezza trovasi verso il terzo della sua lunghezza. Quel carattere non si osserva nella ☿.

Alla medesima specie si riferisce una delle *Solenopsis* lasciate senza nome nella mia nota sulle formiche raccolte presso La Plata nell'Argentina dal Dott. Spegazzini.

S. picea n. sp.

☿ Bruno scuro, con l'addome quasi nero, mandibole, antenne e zampe più chiare, ginocchi e tarsi giallo testaceo; altri esemplari sono ferruginei con l'addome piceo; tutta levigata e lucida, con punti piligeri minutissimi, i peli fini e mediocremente numerosi, quelli delle zampe e degli scapi meno lunghi. I lati del capo sono debolmente arcuati, gli angoli posteriori fortemente ritondati, il margine posteriore quasi diritto; gli occhi sono piccoli e contano 3 4 faccette nel massimo diametro; in tutto hanno 8-10 faccette indistintamente limitate; i denti del clipeo sono piccoli, ma acuti e distanti l'uno dall'altro circa la metà dello spazio che li separa dall'angolo anteriore corrispondente del capo; lateralmente ad essi, il margine forma un angolo ottuso. Lo scapo ripiegato indietro dista dal margine posteriore del capo per la lunghezza circa del 1º articolo del flagello; gli articoli seguenti sono più corti che larghi, l'ultimo meno di 3 volte lungo quanto il precedente. Sul profilo del torace, la sutura mesometanotale è fortemente impressa, il metanoto è fortemente convesso, senza angolo distinto. Veduto di profilo, il 1.º segmento del peduncolo è più alto del seguente, il suo nodo è subtriangolare, massiccio, preceduto da picciuolo, il cui contorno dorsale è lungo quasi quanto il declivio anteriore del nodo e forma con esso un angolo distinto; il 2.º nodo è alquanto inclinato in avanti; entrambi i nodi sono più larghi che lunghi, il 2.º appena più largo del 1.º L. 1 $^1/_3$ — 1 $^2/_3$ mm.

♀ Colore come nella ☿, i punti piligeri sono, come di solito, molto più grossi, i peli più lunghi. I denti del clipeo sono più grandi. Il metanoto discende, sul profilo, con linea appena debolmente arcuata. Il peduncolo è più robusto, il 2.º segmento notevolmente più largo del 1.º Ali leggermente cineree. L. 3 $^3/_4$ mm.

Jiménez, Costa Rica. — La ☿ è molto vicina a *S. tenuis* Mayr. dalla quale differisce principalmente per la colorazione più scura e i nodi del peduncolo più larghi.

S. stricta n. sp. fig. 15 a. b.

☿ Torace, peduncolo e membri ferrugineo chiaro, capo e addome propriamente detto picei; liscia e lucida, con punti piligeri minuti, peli ritti lunghi, mediocremente numerosi. Il capo è non più di $^1/_5$ più lungo che largo, coi lati debolmente arcuati, il margine posteriore dritto, gli angoli ritondati; i denti del clipeo sono piccoli e acuti, lateralmente ad essi, il margine non forma angolo distinto. Lo scapo non raggiunge interamente il quarto posteriore del capo, gli articoli medî del flagello sono più larghi che lunghi, l'ultimo meno di 3 volte lungo quanto il precedente e mediocremente ingrossato. Gli occhi sono piccoli, con 7-9 faccette indistinte. La sutura mesometanotale è impressa, la faccia declive del metanoto, molto più breve della basale, forma con essa un angolo ottuso e ritondato. Il 1.° segmento del peduncolo è fortemente compresso, veduto di sopra, si allarga insensibilmente un poco d'avanti in dietro, ma il nodo non è più largo della parte anteriore; veduto di fianco, mostra un breve picciuolo cui segue un nodo alto e lungo, subquadrangolare ad angoli ritondati. Il 2.° segmento è poco più largo del precedente o subrotondo; veduto di fianco, apparisce più lungo che alto, ritondato di sopra, con declivio ripido innanzi, più dolce indietro L. 1 $^3/_4$ mm.

Bolivia. Un esemplare. — È facile a distinguere da tutte le congeneri per la forma stretta e compressa del 1.° segmento del peduncolo.

S. subtilis n. sp. fig. 16.

☿ Estremamente affine a *S. picta* Emery; ne differisce essenzialmente per le antenne molto più gracili, con la clava più allungata; nelle due specie, l'ultimo articolo è più di 3 volte o quasi 4 volte lungo quanto il precedente; però, nella *S. picta*, esso è più grosso e fortemente rigonfiato; gli articoli 2-7 del flagello sono fortemente trasversi; lo scapo raggiunge i $^3|_4$ della lunghezza del capo (non li raggiunge nella *S. picta*). Il capo è più allungato nella nuova specie e il suo margine posteriore è distintamente incavato (è quasi rettilineo o appena insensibilmente incavato nella *S. picta*). Il colore è bruno rossiccio chiaro, con l'addome piceo, le antenne e zampe gialle; del resto simile alla *S. picta*. L. 1 $^1|_4$ — 1 $^1|_3$ mm.

Paraguay (Balzan), Caracas (Thieme).

XXV.
Spicilegio: descrizione di specie nuove.

Leptogenys famelica n. sp. fig. 6. *a, b, c.*

☿ Nera, con l'estremità dell'addome, le mandibole, le zampe e le antenne ferruginee, i femori più scuri, i tarsi più chiari. Capo opaco, il resto più o meno lucido; la pubescenza giallognola è abbondante, cortissima e aderente sul capo e sui membri, più lunga, più scarsa e obliquamente staccata sul torace e sull'addome; le setole ritte sono poco numerose, mancano sulle tibie. — Il capo è allungato e stretto, non più largo del pronoto, coi lati subparalleli dagli occhi in avanti, convergenti indietro degli occhi, l'occipite troncato, con margine tagliente, formante un collare distinto; la sua superficie è coperta di fitta punteggiatura pubigera, confluente al lato mediale degli occhi in rughe oblique; le guance e il clipeo sono striati, questo con carena alta e tagliente; il suo lobo forma un angolo con lati subrettilinei; gli occhi sono grandi, occupano circa $^1|_4$ della lunghezza del capo e distano dagli angoli anteriori per uno spazio quasi eguale al loro diametro maggiore. Le mandibole sono piatte, strette, ma non lineari, curvate sul piatto, ma quando si guardano di sopra, il loro margine esterno è quasi retto fino ai ¾ della sua lunghezza; il margine interno forma col margine masticatore un angolo molto ottuso, ma ben distinto ed è più lungo di esso; questo è alquanto irregolare ed offre, prima della punta terminale, due sinuosità che limitano un grosso dente piatto e ritondato; sono lucide, con tracce di striatura sottilissima e con punti piligeri grossi, allungati. Le antenne sono lunghe, gli articoli 3-10 del flagello poco meno di 3 volte lunghi quanto sono grossi, il 2.° più che metà più lungo del seguente. Il protorace è liscio, lucidissimo, con punti pubigeri superficiali e sparsi e con poche e deboli rughe trasverse; mesonoto e metanoto sono regolarmente e profondamente striati trasversalmente, con forte e larga impressione tra mesonoto e metanoto. Il peduncolo è alto, compresso, più lungo che alto, e più alto che largo; incomincia con brevissimo collo, fornito in avanti di alto margine tagliente; dietro il collo, sul profilo, s'innalza da prima con breve linea verticale, poi con pendio arcuato, fino al punto culminante e termina con faccia perpendicolare e piana; veduto di sopra, va allargandosi uniformemente d'innanzi indietro; è levigato e lucidissimo, finamente striato al limite tra la faccia laterale e la posteriore. Il resto dell'addome è lucidissimo, con punti piligeri spaziati, ma forti. Le anche posteriori sono striate, le altre liscie; le tibie e gli scapi sono subopachi, per la fitta punteggiatura e la pubescenza. L. 10 $^1/_3$ mm.; capo senza le mandibole 1.8 × 1.2; scapo 3; femore post. 3.6 mm.

Suerre presso Jiménez. Costa Rica. Un esemplare.

Rogeria procera, n. sp. fig. 19.

☿ Picea, mandibole, antenne e tarsi ferruginei; capo (meno il clipeo e le mandibole), torace e 1.° segmento del peduncolo opachi, il resto lucido; pubescenza nulla, peli ritti numerosi, sottili e pallidi. Capo subquadrato, con gli occhi piuttosto grandi e situati in avanti del mezzo dei lati, distanti dall'articolazione delle mandibole poco più del loro diametro. Tutto il capo è punteggiato e coperto di rughe longitudinali sottili e regolari; il clipeo è debolmente sinuato sui lati, troncato nel mezzo; le lamine frontali sono brevissime; le mandibole sono armate di 4-5 forti denti, dietro i quali se ne vedono ancora 2-3 più piccoli e in parte rudimentali; il breve scapo è lungi dal raggiungere l'orlo occipitale; gli articoli 2-9 del flagello sono trasversi, l'ultimo eguaglia in lunghezza i 3 precedenti presi insieme. Il dorso del torace è continuo, però la sutura mesometanotale è distinta; gli angoli inferiori del pronoto sono ottusi ma non smussati; tutto il promesonoto è coperto di grosse rughe longitudinali alquanto irregolari, così anche i fianchi del torace, mentre il metanoto è trasversalmente rugoso, levigato tra le spine; queste sono più brevi della faccia basale del metanoto, robuste, acutissime, oblique, debolmente arcuate. Il 1.º segmento del peduncolo è grossolanamente rugoso, molto allungato, con nodo più lungo che largo, che occupa metà della sua lunghezza ed è non più di due volte alto quanto la porzione anteriore cilindrica; il 2.º segmento è più basso del nodo del 1.º e non più largo di esso, arrotondato, un poco conico in avanti, lungo circa quanto è largo. Le zampe sono allungate ma robuste. L. 4 mm.

Ourem, Pará. Due esemplari raccolti dal signor A. Schulz. Per la sua scultura e il peduncolo allungato, differisce molto dalle specie sulle quali ho istituito il genere *Rogeria* al quale però credo doverla riferire. Il genere *Rogeria* è affine a *Leptothorax* e *Macromischa;* differisce da entrambi per gli angoli inferiori del pronoto non smussati, nè ritondati, dal secondo, inoltre pel 2.º segmento del peduncolo stretto, non campaniforme.

Una ♀ della Repubblica Argentina, nella mia collezione è molto affine alla *R. procera* ma mi sembra appartenere a specie diversa.

Megalomyrmex modestus n. sp.

☿ Giallo testaceo chiaro, con le zampe più pallide. Tutto il corpo è levigato e lucido, con piccoli punti piligeri; gli scapi e le zampe hanno una lunga pubescenza obliquamente staccata; poco più lunghi e più ritti sono i peli della parte anteriore del capo, che si fanno ancora più lunghi nelle parti posteriori; simili lunghi peli si trovano meno numerosi sul torace e sull'addome. Il capo è mediocremente allungato, ritondato indietro, senza margine rialzato intorno al foro occipitale; le fossette antennali sono debolmente e finamente striate, non contornate da ruga. Le mandibole sono striate, opache, con 6 denti. Il flagello delle antenne è più notevolmente ispessito che nelle altre specie, i 4 ultimi articoli costituiscono una clava poco pronunziata, il quartultimo essendo meno differente dal seguente che dal precedente (nelle altre specie, la clava è di 3 articoli). Il torace ha la forma solita; l'angolo del metanoto è molto ottuso, la sua faccia basale ha, per $^2/_3$ circa della sua lunghezza, un'impressione longitudinale che accoglie il nodo del 1.º segmento del peduncolo. Questo è più gracile che nelle altre specie; veduto di fianco, appare sottilmente peduncolato in avanti, con un forte ed elevato nodo, che, veduto di sopra, è più largo che lungo; il 2.º segmento è trasversalmente ovale, poco più largo del precedente e meno alto L. 4 — 4 $^3/_4$ mm.

Suerre presso Jiménez, Costa Rica, in un tronco putrefatto. Differisce dalle altre specie del genere, per le mandibole striate, opache, la clava di 4 articoli e la piccola statura.

Procryptocerus clathratus n. sp.

P. carbonarius Emery, Bull. Soc. ent. Ital. XXVI. p. 200 (nec Mayr).

☿ Nera, estremità dello scapo, apice del flagello, ginocchi e estremità dei tarsi ferruginei. Capo con gli angoli posteriori incisi, in guisa da formare un angolo ottuso innanzi all'incisura, e un dente acuto dietro di essa; il capo è coperto di rughe subparallele, quasi rette, ma ineguali, un poco convergenti nel mezzo indietro, ricongiunte da piccole rughe trasverse che formano così una rete con prevalenza delle rughe longitudinali e col fondo delle maglie lucido. Clipeo striato, Articoli 3-7 del flagello delle antenne appena più grossi che lunghi. Torace largo, longitudinalmente rugoso, con rughe trasverse, formanti reticolo nella parte anteriore del pronoto, scarse e deboli più indietro; gli angoli anteriori del pronoto sono subrettangolari, i suoi lati arcuati; un'incisura del margine tra il pronoto e il mesonoto; questo si allarga lateralmente in un lobo angolare, ma smussato; il margine è ancora più fortemente inciso tra mesonoto e metanoto; questo si dilata debolmente a lobo alla base; le spine sono robuste, debolmente curvate ad ʃ. Peduncolo con rughe longitudinali grossolane, irregolari, anastomosate fra loro sul 1.º segmento; questo è poco più lungo che largo, egualmente ristretto innanzi e indietro; il 2.º è più largo del precedente, incavato d'innanzi e ritondato di dietro. Il segmento basale dell'addome è finamente striato per un terzo circa della sua lunghezza, nel mezzo, le strie sono maggiormente prolungate sui lati. Il corpo è irto di peli bianchi, mediocremente numerosi e piuttosto lunghi e sottili L. 5. ⅔ mm.

♀ Rassomiglia alla ☿, ma le anastomosi tra le rughe longitudinali del capo sono più sviluppate, onde la scultura è più marcatamente reticolata. Sul pronoto, essa consta di grossi punti foveiformi, rotondi, separati da rughe formanti rete; sul mesonoto, le maglie della rete e le fossette che le riempiono si fanno allungate e confluiscono in solchi longitudinali, separati da rughe; il metanoto ha forti solchi regolari; le spine sono ottuse e più forti. Ali brune con venatura picea. Le tibie sono in parte ferruginee. L. 7 mm.

S. Catharina, Brasile; 2 ☿ ☿ e 1 ♀. Avevo confuso questa specie col *P. carbonarius* Mayr; però, oltre la maggiore statura, la ☿ ne differisce per la scultura meno reticolata del capo in cui prevalgono le rughe longitudinali, le antenne meno grosse, le spine del metanoto flessuose, la striatura del 3.° segmento addominale meno prolungata. Il prof. Mayr ha avuto la cortesia di confrontare uno dei miei esemplari col suo tipo e mi scrive che, in questo, gli articoli 3-7 del flagello sono molto più larghi che lunghi, il 7.° quasi del doppio, le spine quasi dritte e il 3.° segmento dell'addome striato su quasi $^2/_3$ della sua lunghezza.

Procryptocerus hirsutus n. sp.

☿ Nera, scapo ferrugineo (un esemplare immaturo è giallo-bruno col capo scuro). Il capo è irto di numerose setole ritte, corte, ottuse, grosse e bianchicce : sul torace, queste setole si fanno più lunghe e più sottili, di più ancora sull'addome, dove sono distintamente inclinate indietro. Il capo è, come d'ordinario, fortemente ristretto innanzi, coi lati arcuati; gli angoli posteriori hanno una sporgenza esterna ottusa e una interna acuta e dentiforme; la superficie dorsale del capo è densamente coperta di fossette poco profonde, col fondo alquanto lucido, i cui intervalli costituiscono un reticolo grossolano. Il clipeo è longitudinalmente striato, alquanto irregolarmente. Il torace è longitudinalmente rugoso, grossolanamente reticolato sulla parte anteriore del pronoto, i cui angoli anteriori sono acuti, quasi dentiformi; il margine posteriore del mesonoto forma, in ciascun lato, un dente acuto; il metanoto è dilatato alla base in un lobo laterale angoloso e termina con spine dritte, quasi parallele, molto più brevi della faccia basale. I due segmenti del peduncolo sono coperti di rughe longitudinali irregolari, il 1.° notevolmente più lungo che largo, il 2.° trasverso, largo circa quanto è lungo il precedente, ritondato sui lati. Il resto dell' addome è opaco, fittamente punteggiato, sparso di punti un po' più grandi dai quali sorgono i peli. Zampe opache, con setole rigide bianchicce. L. 4 $^1/_2$ mm.

Pará, due esemplari raccolti dal signor A. Schulz.

Procryptocerus paleatus n. sp.

☿ Nero, con la parte estrema delle antenne e dei tarsi ferruginea. I peli ritti sono scarsi e obliqui, ma piatti, grossi e bianchi sul torace, il peduncolo e le zampe, per cui riescono molto appariscenti, più corti e sottili sul resto dell'addome; il capo quasi non ha peli sul mezzo; sui margini, porta dei peli corti e clavati. Gli angoli posteriori del capo sono appena segnati da un piccolo dente smussato; la sua scultura si compone di una punteggiatura fondamentale poco marcata e complicata da sottoscultura microscopica che lo rende opaco; ad essa sono sovrapposti dei punti o fossette rotondi, poco profondi, in parte piligeri, e tra queste corrono rughe longitudinali sottili e ondulate, in parte anastomosate; la faccia occipitale è lucida, senza strie. Clipeo longitudinalmente rugoso. Articoli 2-6 del flagello poco più larghi che lunghi. Il promesonoto è largo; gli angoli anteriori retti, un poco smussati; al livello della sutura pro-mesonotale, il margine laterale si ristringe bruscamente, formando come uno scalino; il mesonoto ha indietro, in ciascun lato, un piccolo dente acuto; il lobo laterale del metanoto termina posteriormente con un piccolo dente, le spine sono brevi e dritte; il dorso del torace ha rughe regolari, longitudinali che formano rete sulle parti anteriori e laterali del pronoto; il fondo dei solchi è finamente punteggiato, ma poco lucido. Il peduncolo è longitudinalmente rugoso, il 2.° segmento più sottilmente del torace; sul 1.° segmento, le rughe sono irregolari e anastomosate; esso è più lungo che largo, mentre il 2.° è più largo e trasversalmente ovale, incavato d'innanzi. Il 3.° segmento dell'addome (1.° dopo il peduncolo) è longitudinalmente striato e finamente punteggiato, subopaco; i segmenti seguenti sono punteggiati. L. 5 mm.

Atirro, presso Jiménez. Costa Rica; un esemplare.

Procryptocerus pictipes n. sp.

☿ Per la forma di tutte le parti del corpo e per la scultura del torace e dell'addome, rassomiglia moltissimo alla specie precedente, ma è molto più piccola. Le tibie, parte dei tarsi, lo scapo e la base del flagello sono rosso ferrugineo chiaro, il resto nero. Sul capo, la scultura fondamentale è più debole, il vertice alquanto lucido; non vi sono rughe longitudinali, le fossette rotonde sono molto più grandi e superficiali, appena impresse sul vertice; le guance sole rugose. I segmenti posteriori dell'addome sono obliquamente striati. I peli sono sottili, giallognoli, clavati, quelli del metanoto più lunghi, quelli del capo più corti di tutti. L. 3 $^1/_4$ mm.

Suerre presso Jiménez, Costa Rica; un esemplare È la più piccola specie del genere.

Apterostigma robustum n. sp. fig. 17.

☿ Capo allungato, coi lati subparalleli, ritondato posteriormente e prolungato indietro in un breve collo cilindrico, troncato, senza margine dilatato; la superficie del capo è priva di tubercoli, e i peli ritti nascono da piccoli punti. Le mandibole sono finamente striate; le lamine frontali formano larghi lobi rotondi ma si prolungano poco dietro di questi, molto meno che in tutte le specie finora note; gli occhi sono fortemente convessi; le antenne robuste, con lo scapo grosso, il 1.º articolo del flagello un poco meno lungo dei 3 seguenti presi insieme, questi un poco meno lunghi che grossi. Il torace è mediocremente robusto, le carene del mesonoto poco elevate, il metanoto debolmente solcato; come sul capo, non vi sono tubercoli alla base dei peli. Veduto di sopra, il 1.º segmento del peduncolo è trapezoide, allungato, meno di due volte lungo quanto è largo, i suoi lati convergono in avanti, ed è più fortemente ristretto innanzi alle stigme le quali si trovano verso il $^1/_3$ anteriore; il 2.º segmento è poco più largo che lungo, coi lati quasi dritti e fortemente divergenti fino oltre la metà, arcuati indietro, segnato di debole depressione dorsale. Tutto l'addome col peduncolo è cosperso di tubercoli minutissimi che appariscono come punti scuri e portano peli lunghi e sottili poco inclinati. Colore e pubescenza come nelle altre specie; peli ritti lunghi, sottili e abbondanti, quelli delle tibie poco curvati alla base, fortemente staccati. L. 6 mm.

Jiménez. Costa Rica. Un solo esemplare; facile a riconoscere per la grandezza e per la forma del capo e del peduncolo.

Apterostigma collare n. sp. fig. 18.

☿ È molto affine all'*A. pilosum* Mayr. e da considerarsi forse piuttosto come razza geografica del medesimo. Scultura come nell'*A. pilosum*, i peli più lunghi e più staccati. Il capo è meno allungato che nella specie brasiliana, prolungato indietro in un collo più stretto, più lungo, e distintamente dilatato ad imbuto. Le antenne sono più gracili, lo scapo meno grosso, gli articoli 2-7 del flagello distintamente più lunghi che grossi. Il torace è conformato quasi come nell'*A. pilosum;* il peduncolo un poco più gracile, ma della stessa forma; Le zampe più lunghe e gracili — L. 4 $^2/_3$ mm.; femore post. 2 mm.

(Nell'*A. pilosum* ☿, lungo 4 mm. il femore posteriore misura solo 1.6 mm.).

♀ Le differenze rispetto alla ♀ dell'*A. pilosum* sono ancora più sensibili: tutto il corpo è più gracile, il capo poco più allungato, ma prolungato posteriormente in un collo molto più stretto e fortemente dilatato ad imbuto. Il torace è molto più stretto, più di 2 volte lungo quanto è largo; lo scutello profondamente inciso ad arco, e prolungato in due punte molto sporgenti. Il peduncolo ò molto più gracile che nell'*A. pilosum* ♀, quasi come nella ☿ di questa specie, poco meno che nella ☿ della nuova specie. Del resto è simile alla ☿ L. 5 mm.

Suerre presso Jiménez, Costa Rica. Una ☿ e una ♀. — Non è inverosimile che questa specie sia identica all'*A. scutellare* For. di cui è noto il solo ♂, proveniente dal Messico.

Atta (Trachymyrmex) squamulifera n. sp.

☿ Ferrugineo chiaro, più o meno variegata di bruno, opaca, priva di lunghi peli, ma fornita invece su tutte le creste del corpo, sulle zampe e sugli scapi di piccoli peli uncinati, inseriti alla base di minuti tubercoli. Tra le creste e tubercoli del torace e dell'addome, vi sono poi numerose squamette bianchicce. Il capo è quasi largo quanto è lungo, incavato ad angolo ottuso indietro, con gli angoli posteriori ritondati, armati di un dente ottuso, accompagnato da alcuni forti tubercoli. Le lamine frontali hanno, al livello della inserzione delle antenne, un lobo dentellato; sul vertice, due creste convergenti indietro; due piccole creste limitano l'area frontale; la cresta delle guance si prolunga indietro quasi quanto le lamine frontali e raggiunge l'angolo mediante un prolungamento costituito da una serie di tubercoli. Lo scapo oltrepassa di poco gli angoli occipitali; le mandibole sono molto allungate, armate di 8-9 denti, striate e opache su $^2/_3$ basali della loro superficie, liscie e lucide verso la punta. Il pronoto ha, oltre il dente del margine inferiore, una breve spina ottusa all'angolo anteriore e, nel mezzo del dorso, un tubercolo piatto che risulta dalla fusione di due denti; il mesonoto ha due paja di spine brevi e ottuse, delle quali le anteriori più grandi, riunite alle posteriori da carena longitudinale; più in dietro un terzo paio di spine rudimentali; il metanoto ha due creste longitudinali guernite di varî tubercoli e terminate dalle spine metanotali acute. Il 1.° segmento del peduncolo è molto brevemente peziolato, provvisto di nodo subrettangolare e tubercoloso; il 2.° segmento è semiovale, appena più largo che lungo, con due creste divergenti, che formano col margine posteriore un triangolo subequilaterale; il segmento seguente ricopre quasi tutto l'addome propriamente detto; è ritondato in avanti, coi lati subparalleli e munito di due creste laterali ottuse che dividono la superficie dorsale segnata di un debole solco mediano e munita di forti tubercoli dalle superficie laterali con tubercoli molto più minuti; veduto di fianco, l'addome propriamente detto apparisce ovale. L. 4 mm.

Monte Redondo, presso S. Josè, Costa Rica. Un solo esemplare. Per i peli uncinati e le squamette rassomiglia all'*A. farinosa* Emery, dalla quale differisce pel capo ad angoli posteriori ritondati, per la forma dell'addome e per le mandibole striate. L'*A. farinosa* è più tozza e molto più ruvida.

Atta (Acromyrmex) coronata F. var.?

Una ⚥ raccolta a La Palma, Costa Rica. — Il colore giallo del fondo è più carico che nell'*A. Moelleri* For.; una fascia longitudinale sulla fronte e un arco trasversale sul vertice sono bruni; sul torace, oltre le note macchie del tipo, tutte le suture sono brune, lo scutello è marginato di nero, e da quel margine una macchia si avanza in ciascun lato sul metanoto, fino alla base delle spine; la metà anteriore di entrambi i segmenti del peduncolo è nera. — Il capo è poco più stretto che nell'*A. Moelleri*, con la punta dietro l'occhio più sviluppata. Del resto corrisponde alla descrizione che Forel ha data dell'*A. coronata* nel suo lavoro sugli Attini.

Tapinoma ramulorum n. sp.

⚥ Bruno scuro, col capo quasi nero, le anche e il peduncolo giallo grigiastro, le antenne, le tibie e i tarsi giallo pallido; le mandibole sono nere nella porzione basale, con larga striscia gialla che occupa circa metà della mandibola e si estende lungo il margine masticatorio; questo è armato di 5-6 denti più grandi ai quali fanno seguito molti altri più minuti; il clipeo è distintamente e largamente incavato al mar-

[gine anteriore. Rassomiglia molto ai *T. melanocephalum* F. e *atriceps* Emery; differisce dal primo per la punteggiatura molto meno fina, i cui intervalli levigati lasciano al capo una certa lucentezza; dal secondo per la forma meno gracile, le antenne e zampe meno lunghe, lo scapo oltrepassando l'occipite per una volta o una volta e mezzo il suo diametro (nel *T. atriceps*, oltrepassa il margine occipitale per più di due volte il suo diametro). Da entrambi è diversa per la colorazione. L. $1\,^2/_3$-2 mm.

☿. Colore come nella ☿, ma più scuro, lo scapo delle antenne e parte delle tibie bruni, le parti gialle più rossicce; tutto l'insetto è debolmente lucido, molto più lucido della ☿. Alcuni peli ritti sul torace (nella ☿, ve ne sono soltanto sull'addome e sul clipeo). Differisce dalle ♀ ♀ dei *T. melanocephalum* e *atriceps* per la lucentezza e per le tibie scure; in queste due specie, le parti gialle delle zampe sono pallidissime e bianchicce. L. $3-3\,^1/_2$ mm.

♂. I pochi esemplari sono molto deformati dal disseccamento, per cui la conformazione di molte parti non può essere riconosciuta. Il colore è bruno, col capo e l'addome quasi neri, le antenne e zampe grigio giallognolo. Le mandibole sono molto allungate, più lunghe del diametro dell'occhio (molto più brevi nel *T. atriceps*) e armate di numerosi e piccolissimi denti. Le ali sono grigiastre e pelosissime, con una cella cubitale chiusa e senza discoidale. L. $1\,^1/_2$ mm.

San Josè, Costa Rica; abita nei ramoscelli secchi di un albero chiamato Tuete (*Vernonia brachiata* Benth.).

Myrmelachista Zeledoni n. sp.

☿. Tutta nera, fuorchè le mandibole, la base del flagello, i ginocchi e i tarsi che sono rossicci. Capo e torace opachi, faccia occipitale del cranio e addome lucidi; peli ritti scarsissimi. Capo più o meno quadrato, con margini laterali arcuati e angoli ritondati, fittamente striolato di sopra e con debole riflesso sericeo; verso l'estremo posteriore, la striatura si trasforma in un reticolo superficiale e la superficie diviene alquanto lucida; solco frontale distinto ma non profondo; area frontale striata e opaca; clipeo lucido, più debolmente striato e fortemente convesso nel mezzo: mandibole lucide, grossolanamente striate e armate di 5 denti. Antenne di 10 articoli, piuttosto lunghe, lo scapo raggiunge la meta dello spazio tra l'occhio e l'angolo posteriore del capo; articoli 2-6 del flagello un poco più grossi che lunghi. Torace opaco, con punteggiatura sottile e fitta, in parte striolato per la confluenza dei punti. Il dorso è fortemente impresso a metà del mesonoto, le stigme del mesotorace sporgenti dietro l'impressione; metanoto convesso, alquanto gibboso. Squama del peduncolo piuttosto sottile, e quasi verticale, convessa d'innanzi, piatta indietro, col margine superiore inciso. L'addome propriamente detto debolmente lucido e sottilmente reticolato, con pubescenza rada. Zampe lucide e alquanto pubescenti. L. 2 $^1|_2$-2 $^2|_3$ mm.

È vicina alla *M. Catharinae* Mayr., ma alquanto più grande e diversa pel colore nero e pel torace opaco.

Honda, Nuova Granata, raccolta da Thieme e mandatami dal Sig. R. Oberthür. Altri esemplari furono raccolti in San José, Costa Rica dal Sig. Alfaro. Dedico la specie al distinto ornitologo di Costa Rica, Sig. José Zeledon.

Camponotus curviscapus n. sp. fig. 20 — *a*, *b*.

⚥ Testaceo, mandibole, parte inferiore del torace, anche, femori e parte dell'addome più o meno bruni; debolmente lucido, parte anteriore del capo opaca, col clipeo alquanto lucido. Peli ritti scarsissimi sul corpo, nulli sullo scapo e sulle tibie; pubescenza scarsa, brevissima e affatto aderente. Capo rettangolare, più lungo che largo, quasi cilindrico; l'estremo anteriore costituisce una faccia obliqua, concava, estesa indietro fino a compendere tutto il clipeo; i margini di detta faccia sono arrotondati. Le mandibole sono finamente rugulose, opache, sparse di punti più grossi, armate di 6 denti, col margine esterno arcuato, gibboso verso la base. Il clipeo è più lungo che largo, troncato d'avanti e alquanto concavo nel mezzo; le lamine frontali sono fortemente divergenti, sinuose e prolungate fino al livello del margine posteriore degli occhi che sono grandi e depressi. Le antenne nascono a metà della lunghezza delle lamine frontali, lo scapo ripiegato indietro raggiunge l'angolo occipitale ed è curvato in modo da applicarsi esattamente alla convessità del capo; è sottile alla base e fortemente ispessito nel terzo apicale. Tutto il capo è coperto di sottile punteggiatura reticolata, più fitta nelle parti opache e mista a punti pubigeri sparsi. Il dorso del pronoto è fortemente convesso; dietro di esso, il profilo dorsale si estende con curva larghissima, interrotta da debole impressione tra la parte corrispondente al postscutello (1) e il metanoto; la faccia declive di questo è quasi retta, più breve della basale e forma con essa un angolo ottuso e ritondato. La squama è più alta che grossa, convessa d'innanzi, piana di dietro, col margine assottigliato, retto superiormente o anche debolmente incavato. L'addome propriamente detto è grande, le zampe corte, coi femori molto grossi nel mezzo. L. 6 $^{1}|_{2}$-7 mm.

☿ Giallo pallido, con le mandibole rossicce, l'addome un poco bruno; tutta debolmente lucida, un poco meno sulle guance e sulle mandibole; peli e pubescenza come nel ⚥. Capo più lungo che largo, coi lati subparalleli, ritondato indietro; le mandibole hanno il margine esterno alquanto sinuato alla base; il clipeo è convesso, distintamente carenato, col margine anteriore arcuato; le lamine frontali sono meno prolungate che nel ⚥; lo scapo oltrepassa l'occipite e non è notevolmente curvato, nè dilatato all'apice. Torace più compresso, col dorso meno arcuato e senza impressione sul metanoto. Squama più sottile, assai debolmente troncata di sopra. L. 4 ½ — 5 mm.

---

(1) In molte specie di *Camponotus* e anche in altre Formiche, il postscutello costituisce un elemento ben distinto del torace della ☿

♀ Colorazione del ♃; l'addome chiaro con fasce segmentali nuvolose; scultura del ♃. Il capo è quasi come nel ♃, ma più allungato, meno fortemente troncato in avanti, con la superficie anteriore quasi piana o piuttosto debolmente convessa, coi margini più arrotondati; il clipeo è un poco convesso nel mezzo; lo scapo, più lungo, supera l'occipite. La squama è più grossa e più bassa, col margine arrotondato e inciso. L. 9 mm.; Capo + torace + peduncolo 5. mm.

Bahia de Salinas, Costa Rica; entro spine di *Acacia spadicigera* abbandonate dalle *Pseudomyrma*.

AGGIUNTA AL N.° XIX

Alfaria minuta n. sp.

♀ Bruno-ferrugineo, le zampe, antenne e mandibole più chiare; opaca, anche le zampe; il 2.° e il 3.° segmento dell'addome meno opachi del resto. Tutto l'insetto, con le zampe e lo scapo è irto di peli fini, lunghi e obliqui. Il tegumento non è striato, ma coperto di una punteggiatura fondamentale poco fitta, meno distinta sull'addome ad esclusione del peduncolo; evvi pure una sottoscultura microscopica. Capo, torace e peduncolo hanno inoltre grosse fossette piligere, profonde e alquanto confluenti sul capo; esse sono più deboli sul 2.° segmento dell'addome, più deboli ancora e rudimentali sul 3.°. Le antenne sono più grosse e più corte che nell'*Alfaria simulans* e lo scapo non raggiunge interamente l'occipite. Le mandibole sono striate e un poco lucide al margine masticatorio. Il torace è robusto e largo, rotondato in avanti. Lo scutello poco prominente, per cui il profilo forma una curva appena sinuata dietro lo scutello e un poco gibbosa tra la faccia basale e la faccia declive del metanoto. Le tibie sono molto corte e grosse. Le ali sono debolmente affumicate, con venatura e stigma bruno scuro. Il ramo esterno della costa cubitale è largamente interrotto alla base per cui la venatura dell'ala anteriore ricorda il genere *Myrmica* (un vestigio di quella interruzione si osserva pure nel presunto ♂ dell'*A. simulans* e in altri Ponerini). Peduncolo e resto dell'addome conformati come nell'*A. simulans* ♀ L. 4 ¹/₄ mm.

Chaco boliviano. Due esemplari ricevuti dalla casa Staudinger e Bang-Haas.

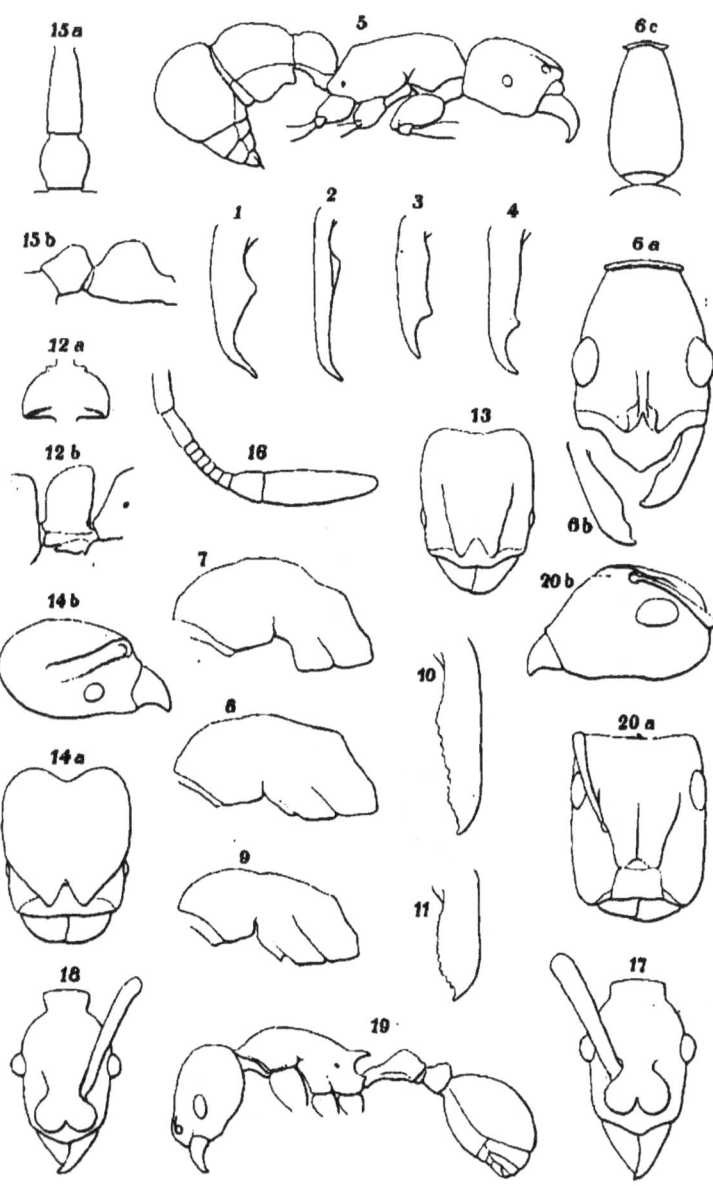

SPIEGAZIONE DELLE FIGURE

(TAVOLA I.)

1. *Eciton quadriglume (Fargeaui)* ♂, mandibola.
2. — *Burchelli* ♂ mandibola.
3. — *hamatum*? ♂ mandibola.
4. — *dubitatum* ♂ mandibola.
5. *Alfaria simulans* ☿.
6. *Leptogenys famelica* ☿.
   a. Capo veduto di sopra.
   b. Mandibola.
   c. Peduncolo veduto di sopra.
7. *Ectatomma (Holcoponera) simplex* ☿; torace.
8. — — *curtulum* ☿; torace.
9. — — *pleurodon* ☿; torace.
10. — (*Gnamptogenys*) *mordax* ♀; mandibola.
11. — — *Alfaroi* ♀; mandibola.
12. *Ponera lunaris* ☿.
    a. Peduncolo veduto di sopra.
    b. Lo stesso di fianco.
13. *Pheidole minutula* ♃; Capo.
14. — *scrobifera* ♃.
    a. Capo veduto di sopra.
    b. Lo stesso di fianco.
15. *Solenopsis stricta* ☿.
    a. Peduncolo veduto di sopra.
    b. Lo stesso di fianco.
16. *Solenopsis subtilis* ☿; antenna.
17. *Apterostigma robustum* ☿; capo.
18. — *collare* ☿; capo.
19. *Rogeria procera* ☿.
20. *Camponotus curviscapus* ♃.
    a. Capo veduto di sopra.
    b. Capo, di fianco.

www.ingramcontent.com/pod-product-compliance
Lightning Source LLC
Chambersburg PA
CBHW020231090426
42735CB00010B/1650